“十三五”国家重点出版物出版规划项目
高等教育网络空间安全规划教材

信息系统安全检测与风险评估

李建华　陈秀真　主编
张保稳　周志洪　段圣雄　参编

机 械 工 业 出 版 社

本书遵循“追本求源、防患于未然”的思想，从安全问题的源头着手，详细介绍信息系统安全检测及风险评估的核心理论及关键技术。全书共9章，内容包括引言、信息安全风险评估标准及法规、安全检测信息采集技术、安全漏洞检测机理及技术、安全脆弱性检测分析技术与工具、网络安全威胁行为识别、风险评估工具及漏洞知识库、信息安全风险评估技术，最后，介绍了新型网络环境下的安全威胁及挑战。每章均配有习题，以指导读者进行深入学习。

本书既可作为高等院校网络空间安全、信息安全及相关专业本科生和研究生有关课程的教材，也可作为信息系统安全评估及管理人员的技术参考书。

本书有配套授课电子课件，需要的教师可登录 www.cmpedu.com 免费注册，审核通过后下载，或联系编辑索取（微信：15910938545，电话：010-88379739）。

图书在版编目（CIP）数据

信息系统安全检测与风险评估/李建华，陈秀真主编．—北京：机械工业出版社，2021.1（2025.1 重印）
“十三五”国家重点出版物出版规划项目　高等教育网络空间安全规划教材
ISBN 978-7-111-67201-2

Ⅰ.①信…　Ⅱ.①李…　②陈…　Ⅲ.①信息系统-安全评价-高等学校-教材　Ⅳ.①TP309

中国版本图书馆 CIP 数据核字（2020）第 266956 号

机械工业出版社（北京市百万庄大街 22 号　邮政编码 100037）
策划编辑：郝建伟　　责任编辑：郝建伟　陈崇昱　王　斌
责任校对：张艳霞　　责任印制：单爱军
北京虎彩文化传播有限公司印刷

2025 年 1 月第 1 版·第 5 次印刷
184mm×260mm·12.25 印张·303 千字
标准书号：ISBN 978-7-111-67201-2
定价：49.00 元

电话服务	网络服务
客服电话：010-88361066	机　工　官　网：www.cmpbook.com
010-88379833	机　工　官　博：weibo.com/cmp1952
010-68326294	金　　书　　网：www.golden-book.com
封底无防伪标均为盗版	机工教育服务网：www.cmpedu.com

高等教育网络空间安全规划教材

编委会成员名单

名誉主任 沈昌祥 中国工程院院士

主　　任 李建华 上海交通大学

副 主 任 （以姓氏拼音为序）

崔　勇 清华大学

王　军 中国信息安全测评中心

吴礼发 南京邮电大学

郑崇辉 国家保密教育培训基地

朱建明 中央财经大学

委　　员 （以姓氏拼音为序）

陈　波 南京师范大学

贾铁军 上海电机学院

李　剑 北京邮电大学

梁亚声 31003 部队

刘海波 哈尔滨工程大学

牛少彰 北京邮电大学

潘柱廷 永信至诚科技股份有限公司

彭　澎 教育部教育管理信息中心

沈苏彬 南京邮电大学

王相林 杭州电子科技大学

王孝忠 公安部国家专业技术人员继续教育基地

王秀利 中央财经大学

伍　军 上海交通大学

杨　珉 复旦大学

俞承杭 浙江传媒学院

张　蕾 北京建筑大学

秘 书 长 胡毓坚 机械工业出版社

前　言

党的二十大报告中强调，要健全国家安全体系，强化网络在内的一系列安全保障体系建设。没有网络安全，就没有国家安全。筑牢网络安全屏障，要树立正确的网络安全观，深入开展网络安全知识普及，培养网络安全人才。

如何更有效地保护重要的数据信息、提高计算机网络系统的安全性已经成为关系一个国家的政治、经济、军事和人民生活的重大关键问题。

计算机网络系统之所以会遭受木马、蠕虫等病毒和黑客的攻击，最主要、最根本的原因是计算机系统存在可以被渗透的安全漏洞（脆弱性，Vulnerability）。任何一个软件系统，都会因为程序员疏忽、设计缺陷等原因而存在安全漏洞。TCP/IP、常用的计算机操作系统也或多或少存在安全漏洞，各类服务器、浏览器、桌面软件都被发现过存在安全隐患。事实上，很多企业、机构及用户的网站由于对网络系统疏于管理，可能出现内部人员泄露机密或外部人员通过非法手段截获而导致机密信息的泄露，从而使一些不法分子有机可乘。而且，随着黑客技术水平的提高，发现的安全漏洞越来越多，每年都会发现新的安全漏洞类型，网络安全形势并不乐观。即使是专业的计算机用户，也难以非常明确地评价自己网络的安全性，从而使基于网络的应用越发不可信任。尤其对于政府、金融等对网络安全要求高的部门，更加需要非常清晰地了解自身的网络安全状况，以保证业务正常进行。由此，计算机网络信息系统的安全检测与评估成为许多行业的迫切需求。

计算机网络信息系统的安全检测与评估是指：事先识别网络系统的安全漏洞，发现网络系统中的薄弱环节及威胁行为，科学准确地评估网络系统的安全风险状况，并提出相应的合理修补措施，它是网络安全防御中的一项重要技术。因此，对于网络空间安全专业的学生，除了了解网络攻击方法外，更有必要系统地掌握信息系统的安全检测与评估技术。本书充分体现“知己知彼，百战不殆”和“防患于未然”的思想，以风险识别与风险控制为中心，全面系统地介绍了安全漏洞检测技术、安全威胁识别方法及风险评估理论，并给出风险评估案例，提供“风险最小化”的实现方法。本书系统、全面地介绍了信息系统安全检测与风险评估的核心理论及关键技术，使网络空间安全专业的学生了解信息系统安全检测与风险评估的必要性及意义，掌握信息系统安全检测技术和风险评估的基本知识，指导信息安全专业相关人员实现更好的安全保障。

本书第 1 章介绍信息系统安全检测与评估领域的相关术语，分析常见信息系统的安全需求，给出信息系统安全检测与风险评估的基础知识、重要性及发展趋势。第 2 章介绍信息安全风险评估标准及法规，包括国际认可的信息安全管理体系 ISO/IEC 27000 系列、信息和通信技术安全管理标准 ISO/IEC 13335、国家颁布的信息安全风险评估规范、信息安全风险管理指南、等级保护标准、涉密信息系统分级保护标准及网络安全法。第 3 章详细介绍安全检测信息采集技术，这是黑客攻击和安全评估的第一步，包括信息踩点、端口扫描、操作系统指纹识别及社会工程学方法。第 4 章重点介绍安全漏洞检测技术原理，即获取系统漏洞的方法，包括服务器存活性探测、端口信息获取、漏洞扫描等，尤其详细地介绍了主动模拟攻击式、主动查询式和被动监听式漏洞扫描。第 5 章介绍安全脆弱性检测分析技术及相应工具，重在实现全局安全脆弱性分析的攻击图，包括攻击图生成和攻击图分析。第 6 章围绕风险评估的要素之一——安全威胁展开，介绍从攻击者角度出发的经典威胁识别模型，详细介绍了著名的 ATT&CK 相关的知识及使用场景。第 7 章介绍风险评估工具及漏洞知识库，这是开展风险评估工作的重要支撑。第 8 章详细介绍信息安全风险评估技术，包括风险评估实施流程、资产识别与重要性评估、脆弱点识别与评估、威胁识别与评估、风险计算，并给出风险评估案例，帮助读者掌握风险评估的实践应用。第 9 章分析了云计算、大数据、物联网、移动互联网、工业控制系统这五种新型网络环境的安全需求，以及给安全评估领域带来的挑战。

本书系统地梳理了信息安全领域的相关标准法规，围绕信息安全风险的核心要素，把脆弱性识别、威胁识别作为信息系统安全风险评估的基础，全面地介绍信息系统安全检测与风险评估，以及风险评估的支撑工具、漏洞知识库。

本书可作为高等院校网络空间安全专业的本科生和研究生教材，也可作为信息系统安全评估及安全管理人员的技术参考书。

本书的主编上海交通大学的李建华教授与陈秀真副教授主持制定了本书的编写大纲，并对全书进行统稿和修改。张保稳老师负责编写了第 1 章，陈秀真老师负责编写了第 2~4 章、第 7 章和第 8 章，周志洪老师负责编写了第 5 章、第 6 章，段圣雄老师负责编写了第 9 章，廖思忆博士和梁浩然博士查阅资料并整理了相关部分的内容，对第 2 章、第 3 章、第 7 章、第 8 章的撰写给予了很大帮助。

由于时间仓促以及知识水平所限，书中难免存在不妥和错误之处，真诚希望读者不吝指教，以期再版时改正。

编者

目　录

第1章 引　　言

在与信息系统入侵者的博弈过程中，信息系统安全检测与风险评估是一个至关重要的环节。针对信息系统实施安全检测与风险评估，可以帮助系统运维和保障人员识别信息系统运维中存在的安全弱点，评估安全威胁和安全攻击带来的潜在风险，有针对性地制定系统安全加固与防护策略，从而在与信息系统安全入侵行为的斗争中谋取优势。目前，网络空间安全形势日趋复杂，越来越多的高级持续性威胁等复杂攻击行为开始出现。为了保障国家关键基础设施和重要信息系统的安全，对相关信息系统进行安全检测与评估，可以使得我国信息系统的安全保障工作在网络空间安全博弈中占得先机，具有重大意义。

本章将首先介绍与信息安全检测和风险评估有关的术语和定义，然后归纳不同体系架构信息系统的安全需求，接下来介绍安全检测与风险评估的定义、标准指南和评估方法等内容，最后对信息安全评估领域的未来发展趋势进行前瞻性分析。

1.1 相关术语

在信息系统安全检测与风险评估领域，涉及的常见安全术语主要有信息资产、安全威胁、安全攻击、安全弱点与安全风险等。

1.1.1 信息资产（Assets）

信息资产是攻击者的攻击目标，也是系统运维人员所守护的对象。信息系统的资产主要包括信息系统所依存的物理环境、软件、硬件、业务数据等。在一些信息安全标准与指南中，与信息系统相关的人员也被视为资产的一部分。

信息资产是信息安全检测的对象。在信息系统安全检测与风险评估的早期阶段，一般需要梳理资产清单，以便在检测阶段将资产与安全弱点进行关联，并最终参与到安全风险的计算过程中。

在进行安全检测与风险评估时，需要对信息资产进行分类。常见的资产分类包括物理环境、网络设施、系统软件、应用软件、数据和人员等。

1）物理环境主要包括机房环境及其附带的供暖通风与空气调节系统（Heating, Ventilation, Air-conditioning and Cooling，简称 HVAC）等基础设施。一般而言，信息系统部署的物理环境，依赖机房部署硬件设备，依赖可靠的供电、温湿度控制等方案来保障设备的正常运行。对物理环境的安全检测主要是从其功能和性能是否满足信息系统运行的基础需求加以考虑，比如防火、防水、防静电、供电能力、温湿度调控和安全门禁等。

🕮 如果是部署在云端的信息系统，其对物理环境的要求将大为降低。

2）网络设施主要包括网络交换和互联设备，网络线缆和安全防护设备等。常见的网络交换和互联设备有集线器（Hub）、路由器、交换机和无线路由器等。常见的安全防护设备有防火墙、入侵检测系统（IDS）、入侵防御系统（IPS）、Web 应用防火墙（WAF）、流量监控和清洗设备等。对网络设施的安全检测主要从其功能的完备性和安全配置层面进行。

3）系统软件主要包括操作系统软件和数据库软件。常见的操作系统软件主要有 Windows 系列、Linux 系列和 UNIX 系列等。常见的数据库软件包括 Oracle、SQL Server、MySQL 以及一些开源的数据库。在一些分布式系统中，Web 中间件（例如 Apache Tomcat 等）和 Java EE 中间件（如 WebLogic 等）也被视为系统软件。大多数系统软件在功能的完备性方面已经满足了安全需求。所以，对系统软件的安全检测主要从其安全配置层面进行。

4）应用软件主要是指支撑信息系统业务运行的相关软件。常见的应用软件包括电子商务系统、邮件系统、ERP 系统、财务系统和 OA 系统等。

5）数据是信息系统运行的主要输出结果，在信息系统占有非常重要的位置。常见的数据包括生产数据、客户资料数据、财务数据、OA 数据等。数据的机密性、完整性和可用性等安全属性极为敏感而重要。绝大多数针对信息系统的安全攻击主要是针对其内部数据发起的，目的是窃取数据、篡改数据或者破坏数据的可用性。为了更有效地保护数据的安全，常常对数据按照其重要性进行分类，形成不同等级的数据划分。例如，在电子商务系统中，订单和客户数据的机密性需要重点保护，而E-mail之类的日常OA数据的重要性则相对可以弱化。

6）信息系统的人员包括普通用户、管理者和运维人员等。从技术性的角度出发，为了保证信息系统的正常运行，信息系统的人员需要被授予访问信息资产的权限。例如，在基于角色的访问控制模型中，人员被赋予特定的角色，角色则直接对应一组访问信息系统资源的权限集。从管理角度出发，在人员与信息系统交互的过程中，安全意识和行为的规范性对信息系统的安全会产生重要的影响。诸多通过社会工程学发起的安全攻击，主要就是借助人员的安全弱点来实施。

1.1.2 安全威胁（Threats）

信息系统的安全威胁是指可以给信息系统资产带来安全威胁的要素。安全威胁可以分为自然性和人为性两大类。前者主要指自然界的灾难，比如地震、洪水等。后者则包括众多的人为（无意的或者有意的）因素，比如网络攻击、恶意代码等。具体而言，各类信息资产所面临的常见安全威胁如下。

1）物理环境所面临的安全威胁主要有火灾、水灾、地震、雷击、物理侵入和电力故障等。

2）网络基础设施所面临的安全威胁主要有非法接入、网络嗅探和物理性破坏等。

3）系统和应用软件资产面临的安全威胁主要有软硬件故障、网络攻击和恶意代码等。

4）数据资产面临的安全威胁包括泄密、篡改和抵赖等。

5）人员面临的安全威胁包括操作失误、越权、滥用和社会工程学等。

1.1.3 安全攻击（Attacks）

安全攻击是指攻击者利用信息系统技术和管理层面的安全弱点，针对攻击目标，使用一定的攻击方法来达到权限提升、数据窃取、数据篡改或者拒绝服务等攻击目的。

目前，关于安全攻击的类型，有多种分类方法。例如，从攻击者的介入程度出发，分为主动攻击和被动攻击；从攻击者发起攻击的位置出发，分为本地攻击和远程攻击；从攻击发生的环境出发，分为 Web 攻击和系统攻击等。

一些典型的安全攻击类型如下。

1）恶意代码类攻击：利用木马、蠕虫等病毒和后门等发起的攻击。

2）口令类攻击：通过暴力破解、字典攻击等手段对系统口令进行试探、猜测，从而实现非法侵入系统的攻击。

3）拒绝服务类攻击：利用协议漏洞对目标系统发起的安全攻击，诱发系统资源严重损耗，导致系统阻碍甚至拒绝其他正常的系统访问的攻击。

4）非法输入类攻击：通过精心设计的特定格式和长度的输入数据，利用缓冲区溢出、代码注入漏洞等方式发起的攻击。

5）社会工程学攻击：通过利用社交领域内人的心理行为弱点，发起的针对目标系统侵入的攻击。

6）物理类攻击：通过非法接入、网络嗅探监听、物理盗窃和物理破坏等手段发起的攻击。

📖 高级持续性威胁（Advanced Persistent Threat，APT）是一种组合式的安全攻击，它将社会工程学、恶意代码和零日漏洞攻击等不同类型的攻击手段组合在一起，具有很强的隐蔽性和危害性。

1.1.4 安全弱点（Vulnerabilities）

安全弱点是指信息系统在需求、设计、实现、配置、运行等过程中，在其软硬件技术体系和管理体系层面无意或有意产生的缺陷或薄弱点。安全威胁结合特定的安全弱点，会给信息系统安全带来安全风险。

从信息系统的技术架构角度出发，操作系统、数据库和应用软件开发层面的 BUG，都有可能会成为其安全弱点。比如在代码设计开发时，对输入缺乏安全约束，可能产生缓冲区溢出漏洞。同样，硬件研发设计不当，也会形成安全漏洞。在研究设计网络通信协议时，对于安全问题考虑不周，也会形成系统的安全弱点，给网络攻击带来机会。

从信息系统管理体系的运维角度出发，管理制度设计得不够全面，安全策略的不合理，以及人员实施过程中的过失和非法操作等，也会形成安全弱点。

大部分安全弱点可以通过及时对软硬件打补丁和安全加固等措施进行弥补，但安全弱点的产生和存在，并没有办法杜绝和全部消除。

📖 零日漏洞攻击是一种成功率极高的安全攻击，它主要借助未被及时发现和公布的安全弱点发起，因此信息系统无法及时实施补救措施，从而对信息系统安全构成严重威胁。

1.1.5 安全风险（Risks）

信息系统的安全风险是指信息系统由于自身存在的安全弱点，在面临安全威胁时，对信息系统资产的安全属性造成损害与破坏的概率。

对于安全属性所造成的损伤与破坏，主要是从数据的机密性和完整性以及系统的可用性和可控性等层面加以度量。比如，数据的泄露、篡改，系统服务的可用性和系统根权限的窃取等。

为了有效应对安全威胁，需要对信息系统进行安全风险管理。风险管理是一个系统性过程，通常包括信息系统资产分类、安全威胁识别与赋值、安全弱点识别与赋值、安全风险的计算与评估、安全风险的控制等环节。

安全风险的控制措施主要有风险削弱、风险消除和风险转移等，目的是将信息系统面临的风险控制在可以接受的范围内。

目前，对于安全风险的度量主要有定性和定量这两类方法。定性的方法主要是将安全风险划分成不同的等级，识别并评估资产的风险等级。定量的方法则需要考虑信息资产面临安全威胁的发生概率，安全弱点的严重程度、信息资产的价值（或者资产重要程度）等因素。

1.1.6 安全措施（Safeguards）

安全措施主要是指保护信息系统以对抗安全威胁与安全攻击的信息安全过程、

机制和最佳实践。这些安全措施可能部署于物理环境、网络层、软硬件系统层和人员组织管理层等信息系统的多个层面。例如，通过对通信过程进行加密，以对抗信息的泄露风险；通过部署防火墙等设备来降低被网络攻击的风险；通过部署防恶意代码软件来防范恶意代码威胁等。

在信息系统安全保障体系中，常以组合的方式来部署这些安全措施。例如，访问控制机制通常以物理安全门禁、软硬件系统的访问控制、安全审计和安全意识培训等组合形式来系统性地部署。

1.1.7 安全影响（Impacts）

安全影响指由于人为或突发性因素而引起的信息安全事件给信息系统带来的破坏。这种影响可能是某种信息资产的损毁或者其安全属性的丧失等。从经济角度出发，安全事件还可以通过估算包括财务损失、市场份额丧失或公司形象受损程度等来度量其间接影响。在估算安全影响时，安全事件发生的频率也应考虑在内。

1.1.8 安全要求（Requirements）

信息系统的安全要求主要指为了实施风险管理控制，对信息系统在技术和管理层面提出的安全要求。这些安全要求会落实为具体的安全措施，来对抗安全威胁带来的安全风险。

安全专家根据不同信息系统的安全需求及最佳实践，编制出通用性的安全要求，形成相关的信息安全技术与管理安全指南和规范。这些安全标准、指南和规范，成为日后开展信息安全评估活动的主要依据。

安全检测与风险评估涉及的安全术语之间的关系如图 1-1 所示。资产价值高导致风险增加、影响加重；安全威胁利用资产的安全弱点导致风险；风险的存在提出安全要求；落实安全措施可以满足安全要求、对抗安全威胁、降低安全风险。安全弱点依附资产本身存在。如果没有被相应的威胁利用，单纯的安全弱点本身并不会对资产造成损害。而且如果系统足够强健，严重的威胁也不会导致安全事件发生，并造成损失。**在信息安全领域，特定威胁利用某个（些）资产的安全弱点，存在造成资产损失或破坏的潜在可能性，这就构成了风险。**

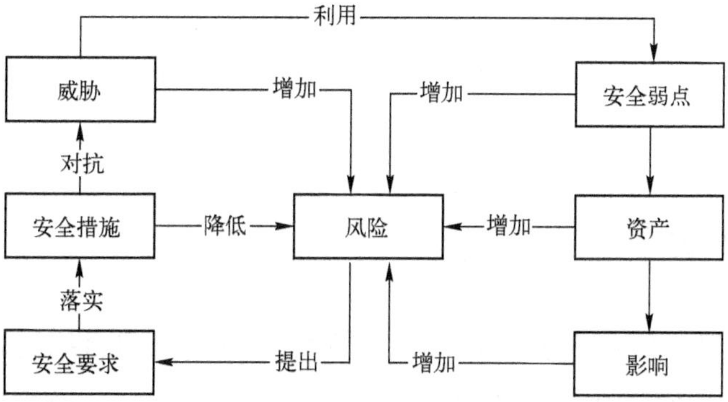

图 1-1 安全检测与风险评估涉及的安全术语之间的关系

1.2 常见信息系统技术架构的安全需求

信息系统在技术架构层面的差异性，导致它们面临不同的安全威胁、具有不同的安全弱点和安全需求。因此，为了实现科学合理地设计信息安全检测与评估的方案，需要了解信息系统常见的技术架构及其安全需求。

1.2.1 终端系统

终端设备主要指 PC 等计算机终端设备。终端系统主要部署在办公环境和家庭环境当中，其构成包括 PC 的硬件设备，操作系统，办公软件、浏览器和邮件收发等应用软件。终端存放的数据，主要是个人数据和部分临时性的办公数据。

在安全攻击场景中，终端系统经常会成为窃取敏感数据的目标和发起攻击的跳板。对终端系统的安全检测与评估相对简单，主要从身份鉴别、恶意代码防范和数据备份等层面加以考虑，为个人用户提供使用终端系统的安全防护指引。

1.2.2 分布式系统

分布式系统是一种主要通过主机服务器、局域网和（或）广域网对内外提供信息系统访问的信息系统体系架构。如果在分布式系统里提供了 Web 服务器，就构成典型的 B/S 架构。

作为目前主流的信息系统架构，分布式系统涉及物理环境、网络基础设施、主机、数据、应用等多个层面的信息系统资产。目前，国内外主要的信息安全标准与指南，均围绕这类系统进行设计和编制。对这类系统进行技术性层面的威胁识别和脆弱性识别，构成了信息系统安全检测与评估的通用要求。

1.2.3 云计算系统

作为一种新型的信息系统架构，云计算可以为企业和组织提供 SaaS、PaaS 和 IaaS 三类不同层次的计算服务。使用云服务的信息系统，其边界已经超出了企业组织的范围，延伸至云端。信息系统的运维由企业组织和云服务方共同承担。云系统的安全包括两部分：云平台自身的安全和云租户的安全。相对于前两种信息系统架构而言，云计算系统在带来便利的同时也引入了新的安全问题。

一方面，信息系统的拥有方可以从烦琐的基础设施的运维任务中解脱出来，将其交给云服务方承担；另一方面，云计算技术的应用也带了新的安全隐患。在云平台自身的安全层面，虚拟化作为其核心技术，带来了新的安全威胁和安全弱点。例如，在云端服务器虚拟化管理和实施层面，出现虚拟机跳跃、虚拟机逃逸等新的安全威胁。云端企业和组织的数据隐私安全也是新的安全问题。

因此，云计算系统的安全检测与评估，需要在通用安全要求的基础上加以拓展，来覆盖这些新的安全需求。

1.2.4 移动互联系统

移动互联系统主要指在分布式系统基础上，利用无线网关等无线接入设备为手机、平板计算机等智能终端设备提供访问的系统。从某种意义上而言，移动互联系统可以被视为分布式系统在网络接入和终端访问设备层面的拓展。

相对于分布式系统而言，移动互联系统由于新型终端设备的引入，带来了新的安全问题。随着手机、平板计算机等智能终端设备的功能和性能日趋强大，安卓和 iOS 等终端操作系统的安全弱点正在逐渐成为攻击者关注的焦点。移动 App 的开发需求与研发人员的开发能力之间存在着较大的差距，研发人员对于安全问题的考虑仍然不足。这些因素均导致移动互联系统出现了安全问题，包括移动终端设备端的个人隐私泄露、非法获取授权等多类安全威胁。另外，无线传输过程中通信协议层的安全也是需要重新加以考虑的因素。

1.2.5 物联网系统

物联网系统指在分布式系统基础上，将感知节点设备（含 RFID）通过互联网等网络连接起来而构成的一个应用系统。从某种意义上而言，物联网通过感知设备感知物理状态，融合了信息系统和物理世界实体，是虚拟世界与现实世界的连接的纽带。

在万物互联的时代，物联网系统的安全问题日趋重要。包含 RFID 在内的感知设备和控制设备带来了新的安全弱点和安全挑战。与传统的信息安全问题不同，物联网系统的安全问题可能会导致物理世界的安全事故与灾难。例如，通过侵入智能家居设备，感知并侵犯家庭的个人隐私，通过入侵车联网系统导致汽车发生车祸等。

对于感知与控制设备节点的物理环境、身份鉴别/认证、访问控制与网络连接等，都是物联网安全需要着重考虑的方面。

1.2.6 工业控制系统

工业控制系统是一种与工业生产制造等控制系统相融合的特殊 IT 系统，它包括监控与数据采集系统（SCADA）系统、集散控制系统（DCS）、可编程逻辑控制器（PLC）和其他控制系统。工业控制系统可被视为对工业生产过程安全（safety）、信息安全（security）和可靠运行产生作用和影响的人员、硬件和软件的集合。

工业控制系统已被广泛应用于智能电网、钢铁冶炼、汽车制造等自动化程度高的生产制造领域。相对于物联网系统而言，工业控制系统不仅具备感知物理世界的能力，而且具有更多控制与操作物理世界的能力。这使得 IT 世界的风险具备了向物理世界传播的可能性，信息系统的安全问题会导致现实世界的安全事故甚至灾难。因此，工业控制系统的安全问题正在成为信息安全攻防领域新的热点。

在设计之初，研究人员对于工业控制系统相关的网络信息安全问题仍然存在考虑不周的现象。工业控制系统在实时性方面的要求，使其在给定的计算能力和带宽限制下，无法使用理想强度的加密算法来实施通信协议层面的加密和完整性安全。

这就要求在进行工业控制系统的安全检测与评估时，在通信协议安全、接入硬件设备的固件安全等方面，要予以足够的重视。

📖 等级保护 2.0 系列标准在 2019 年发布并实施，该系列标准在通用等级保护要求的基础上，对云计算、移动计算、物联网和工业控制系统等安全需求，进行了相应的覆盖。

1.3 信息系统安全检测与风险评估简述

为了有效地保证信息系统可以正常运行，在信息系统部署与上线之前，需要系统地对其进行安全“体检”：信息安全检测与风险评估；在信息系统正式运维过程中，也需要定期或不定期地实施安全检测与评估，以确保对信息系统安全威胁、弱点、措施和风险的持续跟踪管理。安全检测与风险评估贯穿于信息系统生命周期的不同阶段，与信息系统安全紧密相关。

1.3.1 信息系统安全检测

信息系统安全检测主要指依托相关的安全标准与指南，对信息系统通过系统性地检查和测试来识别其安全弱点的过程。

如前所述，信息系统的各类资产在设计或实现环节不可避免地存在安全弱点。这些弱点可能存在于信息系统的软件、硬件、物理环境、通信协议层和管理层面等。给定具体的信息系统，需要结合其系统架构、网络拓扑和管理架构，对其内在的安全弱点进行识别，为安全加固和风险应对提供决策依据。

不同类型的安全弱点需要不同方式的识别方法，主流的方法如下。

1）访谈：对于信息系统运维过程中与人相关的安全弱点，可以通过对相关人员进行访谈的方式来识别。测评人员通过与被测系统的有关人员（个人/群体）进行交流、讨论等活动，获取相关证据。

2）检查：对于信息系统在运维过程中生成的文档记录、系统配置以及与物理环境相关的安全弱点，可以通过检查的方式来识别。例如，通过文档审查的方式来检查安全管理体系的落实情况；通过基线检查的方式来识别操作系统、软硬件配置方面的安全弱点；通过实地考察的方式来检查物理环境方面存在的安全隐患。

3）测试：测试是一种自动化程度最高的安全弱点识别手段。测试主要指利用技术工具对系统进行测试，包括针对网络系统、操作系统、数据库等信息资产展开的漏洞扫描、对信息系统实施的整体性渗透性测试，以及对重要通信协议进行的安全测试分析等。例如，通过 Nessus 等扫描工具，对目标主机系统进行安全漏洞扫描测试。

📖 渗透性测试是一种复杂的测试方法，需要在一定的授权许可下才可以进行。渗透性测试通过设计渗透测试方案，在被测试对象边界内部或者外部部署工具。

1.3.2 信息系统风险评估

信息系统风险评估主要指依托相关的安全标准与指南，对信息系统的资产价值、潜在威胁、薄弱环节、已采取的防护措施等进行分析，判断安全事件发生的概率及可能造成的损失，提出风险管理措施的过程。信息系统风险评估是风险管理的基础，也是风险控制的前提。

相对于信息系统安全检测而言，风险评估是一个更系统和全面的安全风险识别与计算过程。通常，风险评估的流程包括资产识别、威胁分析、弱点识别、既有安全措施识别和风险度量等环节。

1）资产识别实际上就是一种确定评估对象范围的过程。测评人员首先确定风险评估对象的物理边界和信息系统边界，然后识别评估范围内的信息资产集合。这些信息系统资产包括软硬件系统、数据、物理环境、人员等。资产识别过程的输出为信息系统资产清单。在资产清单中，信息资产可以被赋予重要性评级，或者被估算出定量的资产价值，为后期风险评估结果的生成做准备。

2）威胁分析是一种结合给定被测评对象系统，调研并分析其可能面临的安全威胁类型和概率的过程。不同地理环境和社会环境的信息系统，所面临的安全威胁类型与概率也不同。例如，处于地震带的信息系统，面临的地震威胁要高于非地震带的系统。威胁分析的输出为信息系统的威胁清单。

3）弱点识别基本与信息系统安全检测过程相对应。测评人员通过访谈、检查和测试等多种手段，识别形成并输出系统的安全弱点清单。在安全弱点清单中，安全弱点可以被赋予不同危险级别，比如“高”“中”“低”等，借此来表示安全弱点的危险程度。

4）既有安全措施识别是一种发现已经部署和落实的措施的过程。常见的安全措施包括部署防恶意代码软件、防火墙、入侵检测系统（IDS）、入侵防御系统（IPS）和安全补丁服务器等。这些安全措施可以在一定程度上对系统可能存在的安全弱点起到保护作用，并针对安全风险形成对冲。既有安全措施识别过程的输出是既有安全措施清单。

5）风险度量是结合上述各个过程的输出，通过一定的计算方法，来生成系统最终安全风险的过程。风险度量可分为定性和定量两类方法。定性的方法主要指凭借分析者的经验和直觉，以及业界的标准和惯例，为风险管理诸要素（资产价值、威胁的可能性、薄弱点被利用的容易度以及现有控制措施的效力等）的大小或高低程度定性分级，例如“高”“中”“低”三级，最终通过不同的风险计算矩阵进行风险的评估。定量的方法主要指以数值的度量形式，对构成风险的各个要素（资产价值、威胁发生的频率、薄弱点被利用的程度、安全措施的效率和成本等）和潜在损失的水平进行估算，赋予风险以数值或货币金额。

📖 信息安全测评是一种常见的安全评估领域用语，可以视为安全检测与评估的统称。

1.3.3 常见信息安全评估标准与指南

信息安全评估标准是实施信息安全检测与评估的参考依据。自 1985 年首项信息安全评估标准诞生以来，人们对于安全评估所涉及的评估对象、评估内容的认识日趋清楚，评估模型和方法论逐渐发展成熟，形成了一系列的相关信息安全评估标准与指南。目前，比较典型的信息安全评估标准有 TCSEC、ITSEC、CC、ISO/IEC 27000 系列和等级保护系列。

（1）TCSEC

《可信计算机系统安全评估准则》（Trusted Computer System Evaluation Criteria，TCSEC）是美国国防部 1985 年起开始制定的安全评估标准，该标准是计算机系统安全评估领域的第一个正式标准。它以七层不同安全等级的形式度量系统的安全风险，安全等级越高，风险越低。TCSEC 从用户身份鉴别授权、访问控制、安全审计等多个维度考虑安全评估问题。

（2）ITSEC

1990 年英国、法国、德国和荷兰制定了《信息技术安全评估准则》（Information Technology Security Evaluation Criteria，ITSEC）。该标准提出了机密性、完整性和可用性安全属性的定义，并在理论层面提出了评估对象（TOE）的概念。ITSEC 将被测对象的功能和质量保证分开，可应用于产品和信息系统两类对象的评估。

（3）CC 标准

1993 年 6 月，美国、欧洲和加拿大共同起草《信息技术安全评价通用准则》（Common Criteria of Information Technical Security Evaluation，简称 CC 标准）并将其推广成为国际标准。制定 CC 标准的目的是建立一个共识性的通用信息安全产品和系统的安全性评估框架。CC 标准借助保护轮廓和安全目标提出安全需求，并分别基于功能要求和保证要求进行安全评估，最终实现分级评估目标。

（4）ISO/IEC 27000 系列标准

1995 年，英国标准协会（BSI）制定了信息安全管理体系标准 BS-7799。该标准分为指南和规范两部分。其目的是为各种机构、企业进行信息安全管理提供一个完整的管理框架。后来该标准成为国际标准 ISO/IEC 17799，在此基础上修改并完善形成现在的 ISO 27001（管理体系要求）和 27002（安全技术规范）等系列标准。ISO/IEC 27000 系列是信息安全领域的管理体系标准，该标准明确了组织应如何确定其信息安全风险评估和处置过程可靠性的要求。各类组织可以按照 ISO/IEC 27001 的要求建立自己的信息安全管理体系（ISMS），并通过认证。该标准在安全措施层面，从安全策略、组织安全、资产管理、人力资源安全、物理环境安全、通信运维管理、访问控制、信息系统研发运维、安全事件管理、业务连续性安全和合规性等方面，对安全问题进行了全面考虑。

（5）等级保护系列标准

我国的信息安全等级保护系列标准，是一套主要采用对信息和信息载体按照重要性等级分级别进行保护的信息安全标准。该系列标准覆盖了定级、备案、安全建设和整改、信息安全等级测评以及信息安全检查等五个安全保护阶段。其中根据信息系统的重要性和影响，将其分为用户自主保护级、系统审计保护级、全标记保护级、结构化保护级和访问验证保护级共 5 个等级。对应安全要求依次由低到高。信息系统安全等级测评是验证信息系统是否满足相应安全保护等级的评估过程。

📖 分级保护评估是我国用于涉密信息系统的安全保障手段，可以视为等级保护的重要组成部分。

1.3.4 信息系统安全风险评估方法

信息系统内部的资产具有丰富的层次，信息系统的组织运维架构也复杂多样。风险评估方法研究如何从单个资产节点的威胁与风险出发，通过合理的模型和算法，形成信息系统的整体风险结果。目前常用的安全评估方法主要如下。

（1）专家调查法（德尔菲法）

专家调查法是一种定性的安全评估方法。该方法由美国兰德公司在 1946 年提出，其本质上属于一种匿名性群体决策咨询方法。该方法主要采用：匿名征求专家意见-归纳、统计-匿名反馈-归纳、统计的循环递进过程，可以排除各种外部干扰和分析障碍，减少调查中的信息误差，力求获取评审专家的真实观点。

（2）故障树分析法

故障树分析法通过描述事故因果关系，形成一种带方向的“树”型结构，用于系统安全分析与评估。该方法根据风险发生的因果关系，在识别各种潜在风险因素的基础上，沿着风险传播的路径，运用逻辑推理的方法来求出风险发生的概率。该方法既适用于定性分析，又能进行定量分析，具有简明、直观、形象化的特点。

（3）层次分析法（AHP）

层次分析法在 20 世纪 70 年代由美国的萨蒂教授提出，是一种用于决策分析的方法，原本应用于运筹学范畴。在安全评估领域，层次分析法可以根据问题的性质和要达到的总目标，将整体安全风险分解为不同的组成因素，并按照因素间的相互关联影响以及隶属关系，将因素按不同层次聚集组合，形成一个多层次的风险分析结构模型。从而最终使风险定量计算问题归结为最底层的叶子节点的安全威胁、弱点和风险、相对于最高层（总目标）的相对重要权值的确定或相对优劣次序的排定。该方法是一种简洁而实用的定量风险评估方法。

（4）模糊综合评判法

模糊综合评判是将系统安全性的度量借助模糊数学中的模糊概念和理论来表达，进而实现安全风险的计算方法。模糊综合评判通常会与AHP方法相结合，在对安全要素进行分析时，模糊概念和隶属度被用于AHP方法层内与层间的安全要素计算过程，这使得该方法兼具了定性评估和定量评估的优点。模糊综合评判属于一种定性和定量相结合的安全评估方法。

📖 信息系统安全评估方法主要分为定性方法、定量方法以及定性与定量相结合的方法。

1.3.5 安全检测与风险评估的区别

信息系统安全检测的主要目标是识别信息系统中存在的安全弱点，为风险评估提供决策支持，可以视为风险评估过程中的一项重要环节。

信息系统风险评估的主要目标是识别并度量信息系统所面临的安全风险。与安全检测相比，风险评估不仅涉及弱点识别，还包括资产识别、威胁识别、既有安全措施识别和风险度量等，操作流程更全面。

在具体实施时，安全检测与风险评估均需遵循一定的安全标准与指南，结合被测对象系统的情况，设计对应的检测与风险评估的方案。

1.4 信息安全风险评估领域发展趋势

随着全球信息化浪潮过程的不断深入推进，给信息安全评估领域带来了一些新的挑战。一方面，云计算、大数据、软件定义网络（SDN）和移动目标防御等新技术体系架构的引入，给信息系统带来了新的安全问题；另一方面，攻击者借助社会工程和高级持续性威胁来发起安全攻击，使得安全防御问题愈加严峻。在此背景下，信息安全风险评估研究有望呈现以下的发展趋势。

（1）安全评估标准的行业化和细分化

目前的安全评估标准主要聚焦于信息系统在通用性安全需求符合性的安全评估。未来的安全评估标准将在此基础上不断向行业化和细分化方向推进，以覆盖新型技术体系信息系统的特殊安全需求。事实上，国内等级保护标准 2.0 系列已经开始扩展其在云计算和物联网等新型系统方面的安全要求。但这部分工作仍处于初期阶段，未来仍需要在移动目标防御等具备内生安全机制的系统安全评估领域进行拓展。

（2）安全评估方法的动态化

目前，主流网络安全评估技术主要用来解决静态安全防御系统的安全评估问题。这些主流网络安全评估技术难以适用于动态、随机、多样性的攻防对抗，无法有效解决移动目标防御系统的安全评估问题。另外，APT 攻击等新型攻击过程，也具有显著的动态性、持久性和潜伏性等特点。如何构建具备动态博弈特征的安全模型，如何评价信息系统在面临这类复杂、高级的安全攻击时带来的系统安全风险，是未来安全评估方法的研究方向。

（3）安全评估工具的高度自动化

目前，安全评估仍然主要借助人工过程或者部分工具半自动化的过程来完成。随着被测对象系统的规模日趋增长，如何提升安全评估过程的自动化，提升评估过程可伸缩性和评估效率，是安全评估工具研发的重要方向。

习题

（1）常见安全检测与评估相关的安全要素有哪些？试解释它们的内涵。

（2）风险评估的过程具体包括哪些环节？

（3）常见的信息安全标准有哪些？试分析它们各自的特点。

（4）试分析安全检测与风险评估的异同之处。

第 2 章　信息安全风险评估标准及法规

信息系统安全检测与评估需要参照相关的信息安全评估标准，以提高评估结果的科学性、合理性和全面性。本章将介绍与信息系统安全评估相关的标准及法规，包括信息安全管理体系规范（ISO/IEC 27000）、IT 安全管理指南（ISO/IEC 13335）、风险评估指南（GB/T 20984—2007）、等级保护测评标准、涉密信息系统分级保护标准、《中华人民共和国网络安全法》等。

2.1　信息安全管理体系规范

信息安全管理体系规范（ISO/IEC 27000）是由国际标准化组织（ISO）/国际电工委员会（IEC）组成的联合技术委员会 ISO/IEC JTC1 所发布的国际信息安全管理系列标准。ISO/IEC 27000 系列标准由 7 个标准组成，如图 2-1 所示。目前，已经发布的 7 个标准如下。

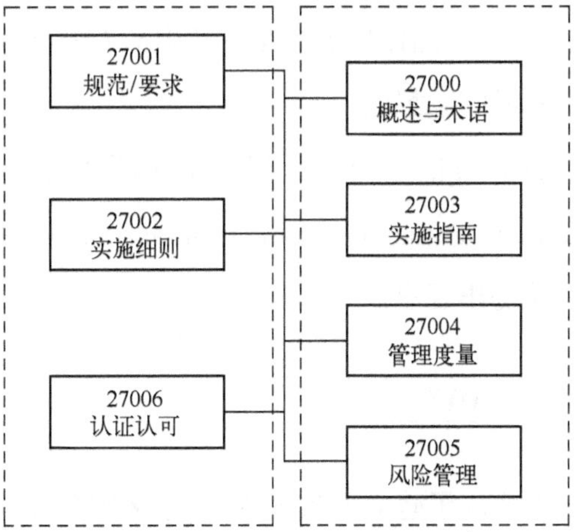

图 2-1　ISO/IEC 27000 系列标准

1）ISO/IEC 27000：2018《信息安全管理体系——概述和术语》（Information Security Management Systems—Overview and Vocabulary），主要描述信息安全管理体系（Information Security Management Systems，ISMS）的基本原理及涉及的专业词汇。

2）ISO/IEC 27001：2013《信息安全管理体系——规范/要求》（Information Security Management Systems—Requirements），规定了建立、实施和文件化 ISMS 的要求以及根据独立组织的需要应实施安全控制的要求，即明确提出 ISMS 及其安全控制要求，为 ISO 27002：2013 中安全控制要求的具体实施提供指南，适用于组织按照标准要求建立并实施 ISMS，进行有效的信息安全风险管理，确保业务可持续发展，给出信息安全管理体系第三方认证的标准。

3）ISO/IEC 27002：2013《信息安全管理实施细则》（Code of Practice for Information Security Management），是一套全面综合的最佳实践经验的总结，即对 ISO 27001 中的安全控制要求给出通用的控制措施，它包含 11 个控制域、39 个控制目标、133 项控制措施。

4）ISO/IEC 27003：2017《信息安全管理体系——实施指南》（Information Security Management Systems—Implementation Guidance），阐述国际信息安全管理标准的应用指南，为 ISMS 的构建、应用、维护和升级提供实施建议。

5）ISO/IEC 27004：2016《信息安全管理度量》（Information Security Management Measurements），定义用于测量信息安全管理标准实施效果的过程度量和控制度量。

6）ISO/IEC 27005：2018《信息安全风险管理》（Information Security Risk Management），定义风险评估和风险处置。

7）ISO/IEC 27006：2015《信息安全管理体系认证认可机构要求》（Requirements for Bodies Providing Audit and Certification of Information Security Management Systems），主要对提供 ISMS 认证的机构提出要求。

2.1.1 ISO/IEC 27001：2013

ISO/IEC27001：2013 规定了建立、实施和文件化信息安全管理体系（ISMS）的要求，规定了根据独立组织的需要应实施安全控制的要求。该套标准适用于组织按照标准要求建立并实施信息安全管理体系，进行有效的信息安全风险管理，确保商务可持续性发展，同时也是信息安全管理体系第三方认证的标准。

ISO/IEC 27001：2013 标准将基于 PDCA——Plan（策划）、Do（执行）、Check（检查）、Action（措施）持续改进管理模式的管理思想，可作为构建 ISMS 过程的模型。该管理思想具体如图 2-2 和表 2-1 所示。

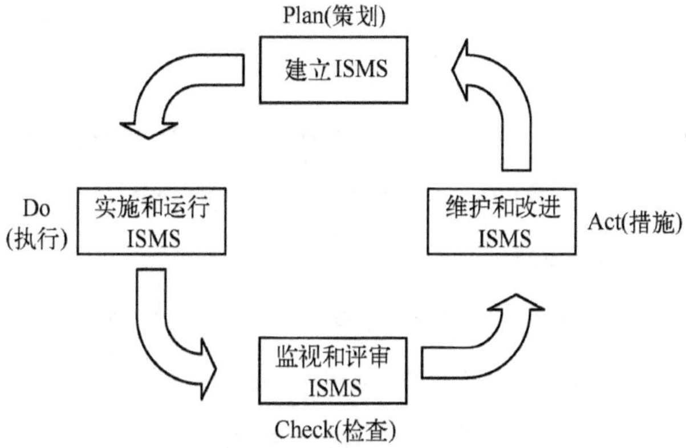

图 2-2　适用于 ISMS 过程的 PDCA 模型

表 2-1　PDCA 释义

环　节	要　求
策划（建立 ISMS）	根据商业运作要求和有关法律法规要求，确定 ISMS 范围、信息安全方针，通过风险评估建立控制目标与方式，包括必要的适用性声明和商务持续性计划
执行（运行 ISMS）	根据所选定的安全目标和方式进行信息安全控制，包括安全策略、信息安全的组织结构、资产管理、人力资源安全、物理和环境安全、通信和操作管理、访问控制等
检查（评审 ISMS）	对安全管理过程和信息系统的安全进行监视和验证，并报告结果，以符合法律性要求，符合方针、程序、标准要求
措施（改进 ISMS）	对方针适宜性进行评审与评估，对 ISMS 的有效性进行评价，实施持续改进

ISO/IEC 27001：2013 提出的控制要求涉及信息安全管理的各个方面，目前共包括 11 类，分别如下。

1）安全策略（Security policy）。

2）信息安全的组织结构（Organization of information security）。

3）资产管理（Asset management）。

4）人力资源安全（Human resources security）。

5）物理和环境安全（Physical and environmental security）。

6）通信和操作管理（Communications and operations management）。

7）访问控制（Access control）。

8）信息系统采购、开发和维护（Information system acquisition, development and maintenance）。

9）信息安全事件管理（Information security incident management）。

10）业务连续性管理（Business continuity management）。

11）符合性（Compliance）。

其中，访问控制、信息系统采购、开发和维护、通信和操作管理这几个方面跟技术关系紧密，其他方面更侧重于组织整体的管理和运营操作，很好地体现了信息安全领域所谓“三分靠技术、七分靠管理”的实践原则。

2.1.2 ISO/IEC 27002：2013

ISO/IEC 27002：2013是组织建立并实施有效信息安全管理体系的指导性准则，它为信息安全提供了一套全面综合的最佳实践经验的总结。该标准从11个方面定义了39个控制目标和133项控制措施，这133个控制项很多还包含一些更具体的子控制项，以供信息安全管理体系实施者参考使用。标准中每项控制虽然都提供了实施指南，但从实施角度来看，还不够具体和细致。此外，标准也特别声明，并不是所有的控制都适合任何组织，组织可以根据自身的实际情况来选择。当然，组织也可以根据自身需要来增加额外的控制项。该标准对11大类的安全控制目标规定大致如下。

（1）安全策略

为信息安全提供与业务需求和法律法规相一致的管理指示及支持。

（2）信息安全的组织结构

在组织内部建立发起和控制信息安全实施的管理框架，维护被外部伙伴访问、处理和管理的组织的信息处理设施和信息资产的安全。

（3）资产管理

确保信息资产得到适当级别的保护。

（4）人力资源安全

涉及雇员、合同工和第三方用户聘用前、聘用期间、解聘和职位变更的控制。确保其理解自身责任，适合角色定位，减少偷窃、欺诈或误用设施带来的风险；确保其意识到信息安全威胁、利害关系、责任和义务，并在其正常工作当中支持组织的安全策略，减少人为错误导致的风险；确保其按照既定方式离职或变更职位。

（5）物理和环境安全

防止非授权物理访问、破坏和干扰组织的安全区域边界，防止资产的丢失、损害和破坏，防止业务活动被中断。

（6）通信和操作管理

履行操作程序和责任，确保正确并安全地操作信息处理设施。做好系统规划及验收，减少系统故障带来的风险。对于第三方服务交付管理，根据协议实施并保持恰当的信息安全和服务交付水平。抵御恶意和移动代码，保护软件和信息的完整性。做好备份与网络安全管理、介质处理，维护信息和信息处理设施的完整性及可用性，确保网络中的信息以及支持技术设施得到保护，保持组织内部以及与外部实体间进行信息交换的安全性，防止非授权泄露、篡改、废除和破坏资产，防止业务活动中断。对于电子商务服务，确保电子商务服务的安全性，保证安全使用电子商务服务。

（7）访问控制

根据业务和安全需求，对信息、系统和业务流程加以控制，同时考虑信息传播和授权的策略，控制对信息的访问。确保授权用户的访问，防止非授权用户访问、破坏、窃取信息及信息处理设施，防止非授权用户访问信息系统及信息系统中的信息。另外，确保使用移动计算和通信设施时的信息安全。

（8）信息系统采购、开发和维护

在信息系统的安全需求分析阶段，确保安全内建于信息系统中，确保通过加密手段保护信息的机密性、真实性和完整性。控制对系统文件和程序源代码的访问，使 IT 项目及其支持活动安全进行，确保系统文件的安全性。维护应用系统软件和信息的安全。应该严格控制项目和支持环境。另外，注重技术漏洞管理，防止因为利用已发布漏洞而实施的破坏。

(9) 信息安全事件管理

确保与信息系统相关的信息安全事件和缺陷能够被及时发现，以便采取纠正措施，确保采取一致和有效的方法来管理信息安全事件。

(10) 业务连续性管理

减少业务活动的中断，保护关键业务过程不受重大事故或灾害的影响，确保其及时恢复。

(11) 符合性

避免违反任何法律、条令、法规或者合同义务，以及任何安全要求，确保遵守组织的安全策略和标准。同时，发挥系统审计过程的最大效用，并把干扰降到最低。

2.2 信息和通信技术安全管理

ISO/IEC 13335《信息和通信技术安全管理》(Management of Information and Communications Technology Security，MICTS) 是由 ISO/IEC JTC1 制定的一个信息安全管理方面的指导性标准，针对网络和通信的安全管理提供了指南，指导组织从哪些方面来识别和分析计算机网络与通信系统相关的 IT 安全要求，同时概括介绍了可供采用的安全对策，其目的是为有效实施 IT 安全管理提供建议和支持。

2.2.1 标准组成

ISO/IEC 13335 由 5 个标准组成，具体如表 2-2 所示。

表 2-2 ISO/IEC 13335 系列标准组成

代　号	名　称	内容简介
ISO/IEC13335-1：2004	Concepts and Models for IT Security IT 安全概念和模型	IT 安全概念与模型，这部分包含了对 IT 安全和安全管理中一些基本概念和模型的解释
ISO/IEC TR 13335-2：1997	Managing and Planning IT Security 管理和规划 IT 安全	IT 安全管理和计划，这部分建议性地介绍了 IT 安全管理和计划的方式与要点

（续）

代　号	名　称	内容简介
ISO/IEC TR 13335-3：1998	Techniques for the Management of IT Security IT安全管理技术	IT安全管理技术，这部分描述了风险管理技术、IT安全计划的开发、实施和测试，还包括策略审查、事件分析、IT安全教育等后续内容
ISO/IEC TR 13335-4：2000	Selection of Safeguards 防护措施的选择	防护措施的选择，这部分描述了针对一个组织特定环境和安全需求可以选择的防护措施，不仅仅是技术性措施
ISO/IEC TR 13335-5：2001	Management Guidance on Network Security 网络安全管理指南	网络安全管理指南，这部分提供了关于网络和通信安全管理的指导性内容。该指南为识别和分析建立网络安全需求时需要考虑的通信相关因素提供支持，也包括对可能的防护措施方面的简要介绍

📖 ISO/IEC 13335和ISO/IEC 27002之间没有直接的联系，它们的主题基本不重叠。组织在按照ISO 27001建立信息安全管理体系时，可以参照ISO/IEC 13335的部分方法，例如风险评估可以参照ISO/IEC TR 13335-3：1998《IT安全管理技术》。

2.2.2 主要内容

（1）IT安全含义

通常对信息安全的定义主要包括三个方面：机密性、完整性和可用性，而ISO/IEC 13335-1中则给出了IT安全方面的6个含义。

1）Confidentiality（保密性）：确保信息不被未授权的个人、实体或者过程获得和访问。

2）Integrity（完整性）：包含数据完整性的内涵，即保证数据不被非法地改动和销毁；同样，也包含系统完整性的内涵，即保证系统以无害的方式按照预定的功能运行，不受有意的或者意外的非法操作所破坏。

3）Availability（可用性）：保证授权实体在需要时可以正常地访问和使用系统。

4）Accountability（可追究性）：确保一个实体的访问动作可以被唯一的区别、跟踪和记录。

5）Authenticity（真实性）：确认和识别一个主体或资源就是其所声称的，被认证的可以是用户、进程、系统和信息等。

6）Reliability（可靠性）：保证预期的行为和结果的一致性。

ISO/IEC13335-1 中对 IT 安全 6 个方面的阐述比通常三要素的定义更细致，对实际工作有更大的指导意义。

（2）风险管理模型

ISO/IEC 13335-1 给出了如图 2-3 所示的风险管理关系模型，同时分析了安全管理过程中高层次的关键要素，具体如下。

1）Assets（资产）：包括物理资产、软件、数据、服务能力、人、企业形象等。

2）Threats（威胁）：可能对系统、组织和财富引起所不希望的不良影响。这些威胁可能是环境方面、人员方面、系统方面等。

3）Vulnerabilities（漏洞）：存在于系统的各方面的脆弱性。这些漏洞可能存在于组织结构、工作流程、物理环境、人员管理、硬件、软件或者信息本身。

4）Impact（影响）：不希望出现的一些事故，这些事故导致在保密性、完整性、可用性、负责性、确实性、可靠性等方面的损失，并且造成信息资产的损失。

5）Risk（风险）：威胁利用存在的漏洞，引起一些事故，对信息财富造成一些不良影响的可能性。整个安全管理实际上就是在做风险管理。

6）Safeguards（防护措施）：为了降低风险所采用的解决办法。这些措施有些是环境方面，比如，门禁系统、人员安全管理、防火措施、UPS 等。有些措施是技术方面，比如，网络防火墙、网络监控和分析、加密、数字签名、防病毒、备份和恢复、访问控制等。

7）Residual Risk（剩余风险）：在经过一系列安全控制和安全措施之后，信息安全的风险会降低，但是绝对不会完全消失，仍会有一些剩余风险的存在。对这些风险可能就需要用其他方法转嫁或者承受。

8）Constraints（约束）：一些组织实施安全管理时不得不受到环境的影响，不能完全按照理想的方式执行。这些约束可能来自组织结构、财务能力、环境限制、人员素质、时间、法律、技术、文化和社会等。

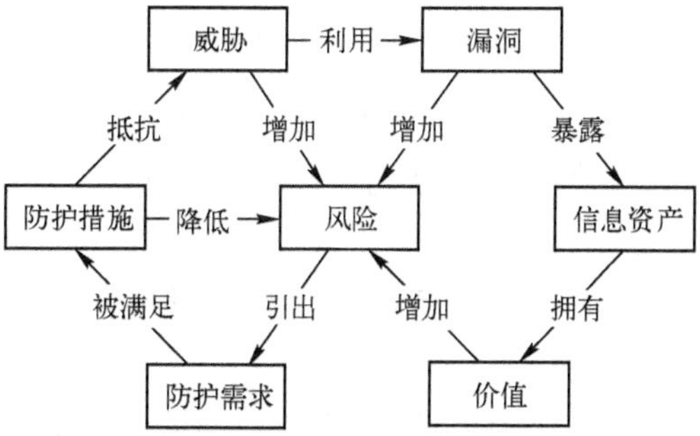

图 2-3　风险管理模型示意图

（3）防护措施

在 ISO/IEC TR 13335-4 中就针对 6 方面的安全需求分别列出了一系列的防护措施，诸如门禁系统、UPS、防火措施等物理环境安全措施，以及加密、数字签名、备份和恢复、访问控制等技术方面的安全措施。根据功能，安全防护措施如下。

1）威慑性：降低蓄意攻击的可能性，实际上针对的是威胁源的动机。

2）预防性：保护弱点，使攻击难以成功，或者降低攻击造成的影响。

3）检测性：检测并及时发现攻击活动，还可以激活纠正性或预防性控制。

4）纠正性：使攻击造成的影响减到最小。

总结起来，ISO/IEC 13335 对安全的概念和模型的描述非常独特，具有很好的借鉴意义。其对安全管理过程的描述非常细致，而且完全可操作。相对 ISO/IEC 27000 系列而言，在信息安全，尤其是 IT 安全的某些具体环节阐述上 ISO/IEC 1335 更具体和深入，对实际的工作具有较好的指导价值，从可实施性上来说也要比前者好些。ISO/IEC 13335 对安全管理过程中的最关键环节——风险分析、评估和管理有非常细致的描述，包括基线方法、详细分析方法和组合分析方法等风险分析方法学的阐述，对风险分析过程细节的描述很有参考价值。另外，针对 6 种安全需求的完整防护措施的内容介绍也要比 ISO/IEC 27000 系列具体。

2.3　信息安全风险评估与管理指南

信息安全风险评估与管理的目的就是要将风险控制在可接受的程度，保护相关的信息资产。资产与风险有着天然的内在关系，即资产的价值越高，其面临的潜在风险也就越大，机构的信息资产安全关系到该机构能否安全完成其使命。

下面将分别介绍 GB/T 20984—2007《信息安全技术 信息安全风险评估规范》和 GB/Z 24364—2009《信息安全技术 信息安全风险管理指南》。

2.3.1 GB/T 20984—2007《信息安全技术 信息安全风险评估规范》

GB/T 20984—2007《信息安全技术 信息安全风险评估规范》（Information security technology—Risk assessment specification for information security）由国务院信息化工作办公室制定，主要内容涵盖风险评估的基本概念、要素关系、分析原理、实施流程和评估方法，以及风险评估在信息系统生命周期不同阶段的实施要点和工作形式。该标准适用于规范组织开展风险评估工作。GB/T 20984—2007 标准主要定义了风险评估实施流程、信息系统生命周期不同阶段的风险评估及风险评估形式，具体内容如下。

（1）风险评估实施的 6 个流程

风险评估准备、资产识别、威胁识别、脆弱性识别、已有安全性措施确认和风险分析。其中，风险评估准备包含确定风险评估的目标与范围，组建适当的评估管理与实施团队，调研系统信息，确定评估依据和方法，制定风险评估方案等。资产识别是指基于保密性、完整性及可用性对资产进行分类及赋值。威胁识别则主要包含基于属性的威胁分类和基于频率的威胁赋值。脆弱性识别主要是判断资产的脆弱性及其严重程度并对脆弱性进行赋值。安全措施的确认应评估安全措施的有效性，对有效的安全措施继续保持，以避免不必要的工作和费用，防止安全措施的重复实施。风险分析则包含风险计算、风险结果判定、风险处理计划及残余风险评估。

（2）信息系统生命周期各阶段的风险评估定义

风险评估应贯穿于信息系统生命周期的各阶段中。信息系统生命周期各阶段中涉及的风险评估的原则和方法是一致的，但由于各阶段实施的内容、对象和安全需求不同，使得风险评估的对象、目的、要求等各方面也有所不同。具体而言，在规划设计阶段，通过风险评估以确定系统的安全目标；在建设验收阶段，通过风险评估以确定系统的安全目标达成与否；在运行维护阶段，要不断地实施风险评估以识别系统所面临的不断变化的风险和脆弱性，从而确定安全措施的有效性，确保安全目标得以实现。因此，每个阶段风险评估的具体实施应根据该阶段的特点有所侧重地进行。

(3) 风险评估开展形式

风险评估包含自评估和检查评估两种形式，同时指出信息安全风险评估应以自评估为主，自评估和检查评估相互结合、互为补充。

2.3.2 GB/Z 24364—2009《信息安全技术　信息安全风险管理指南》

GB/Z 24364—2009《信息安全技术 信息安全风险管理指南》(Information security technology—Guidelines for information security risk management) 由国家质量监督检验检疫总局与国家标准化管理委员会发布，其内容主要涵盖了风险评估、风险处理、批准监督、监控审查、沟通咨询，以及信息系统规划阶段、设计阶段、实施阶段、运行维护阶段与废弃阶段的信息安全风险管理。

2.4 等级保护测评标准

信息安全等级保护（简称等保）是指对国家秘密信息、法人和其他组织及公民的专有信息以及公开信息和存储、传输、处理这些信息的信息系统分等级实行安全保护，对信息系统中使用的安全产品实行按等级管理，对信息系统中发生的信息安全事件按等级响应、处置。信息安全等级保护是国家信息安全保障的基本制度、基本策略和基本方法。开展信息安全等级保护工作是保护信息化发展、维护信息安全的根本保障，也是信息安全保障工作中国家意志的体现。

2.4.1 法律政策体系

1994 年发布的《中华人民共和国计算机信息系统安全保护条例》中规定：计算机信息系统实行安全等级保护，安全等级的划分标准和安全等级保护的具体办法，由公安部会同有关部门制定。2003 年，中共中央办公厅、国务院办公厅转发《国家信息化领导小组关于加强信息安全保障工作的意见》（中办发［2003］27 号），指出：要重点保护基础信息网络和关系国家安全、经济命脉、社会稳定等方面的重要信息系统，抓紧建立信息安全等级保护制度，制定信息安全等级保护的管理办法和技术指南。2004 年，公安部、国家保密局、国家密码管理局和国务院信息化工作办公室（简称四部委）联合下发《关于信息安全等级保护工作的实施意见》（公通字［2004］66 号，简称 66 号文），将信息和信息系统的安全保护等级划分为五级，即自主保护级、指导保护级、监督保护级、强制保护级和专控保护级。66 号文中的分级主要是从信息和信息系统的业务重要性及遭受破坏后的影响出发的，是系统从应用需求出发必须纳入的安全业务等级。2007 年，四部委又联合签发了《信息安全等级保护管理办法》（公通字［2007］43 号），主要内容包括信息安全等级保护制度的基本内容、流程及工作要求，信息系统定级、备案、安全建设整改、等级测评的实施与管理，信息安全产品和测评机构选择等。该文件明确规定如何建设、如何监管、如何选择服务商，为开展信息安全等级保护工作提供了规范保障。等级保护相关的法律政策如图 2-4 所示。

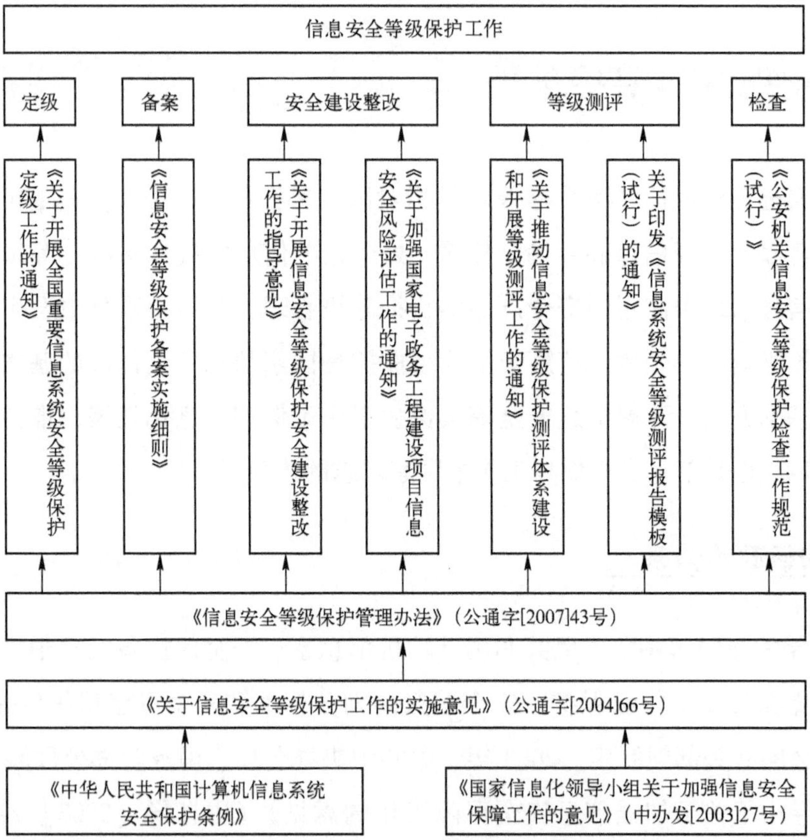

图 2-4　等级保护的法律政策

2.4.2 标准体系

等级保护的基础性标准是国家强制标准 GB 17859—1999《计算机信息系统 安全保护等级划分准则》，它规定了计算机信息系统安全保护能力的五个等级：用户自主保护级、系统审计保护级、安全标记保护级、结构化保护级、访问验证保护级。在 GB 17859—1999 的基础上，制定出《信息安全技术 信息系统通用安全技术要求》（GB/T 20271—2006）等技术类、《信息安全技术 信息系统安全管理要求》（GB/T 20269—2006）等管理类、《信息安全技术 操作系统安全技术要求》（GB/T 20272—2019）等产品类标准，形成信息系统安全等级保护基本要求。等级保护相关的标准体系如图 2-5 所示。

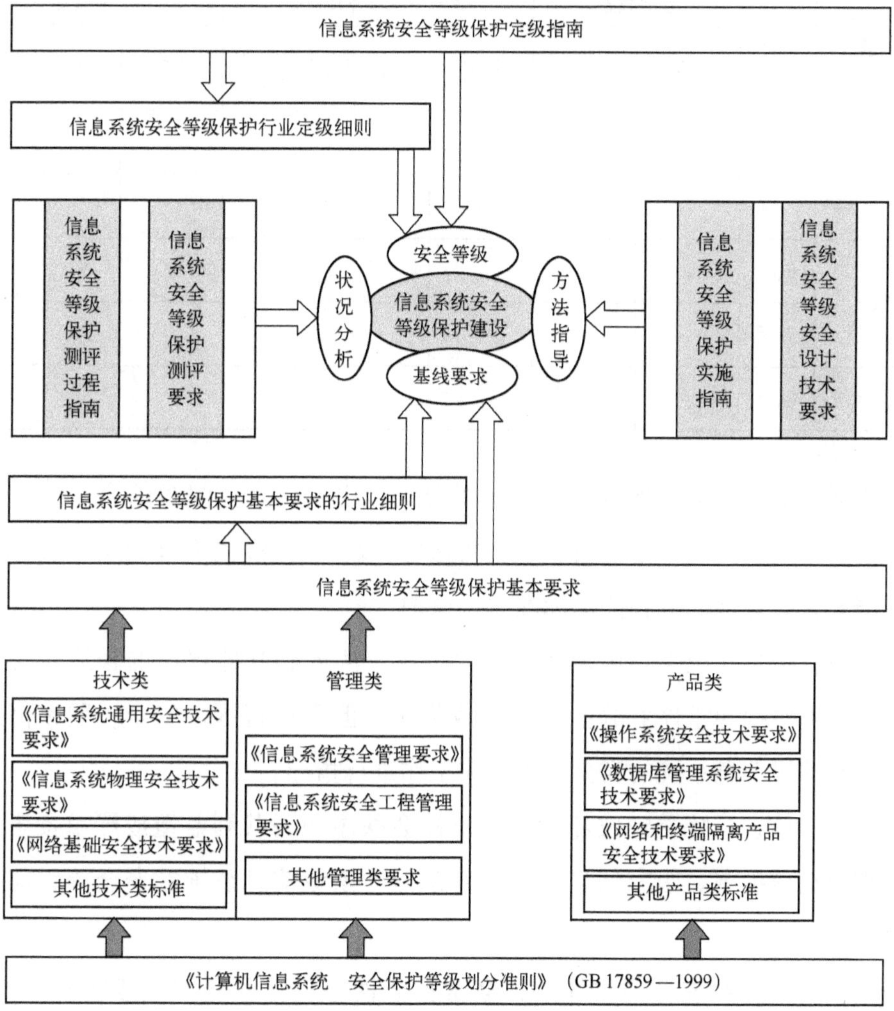

图 2-5 等级保护相关标准

2.4.3 GB 17859—1999《计算机信息系统　安全保护等级划分准则》

《信息安全等级保护管理办法》规定：国家信息安全等级保护坚持自主定级、自主保护的原则。信息系统的安全保护等级应当根据信息系统在国家安全、经济建设、社会生活中的重要程度，信息系统遭到破坏后对国家安全、社会秩序、公共利益以及公民、法人和其他组织的合法权益的危害程度等因素确定。信息系统的安全保护等级分为五级，且一至五级等级逐级增高，如表 2-3 所示。

表 2-3　安全等级划分

对　象	等级	合法权益		社会秩序和公共利益			国家安全		
		损害	严重损害	损害	严重损害	特别严重损害	损害	严重损害	特别严重损害
一般系统	一级	√							
	二级		√	√					
重要系统	三级				√		√		
	四级					√		√	
极其重要系统	五级								√

第一级，信息系统受到破坏后，会对公民、法人和其他组织的合法权益造成损害，但不损害国家安全、社会秩序和公共利益。第一级信息系统的运营、使用单位应当依据国家有关管理规范和技术标准进行保护。

第二级，信息系统受到破坏后，会对公民、法人和其他组织的合法权益产生严重损害，或者对社会秩序和公共利益造成损害，但不损害国家安全。国家信息安全监管部门对该级信息系统的安全等级保护工作进行指导。

第三级，信息系统受到破坏后，会对社会秩序和公共利益造成严重损害，或者对国家安全造成损害。国家信息安全监管部门对该级信息系统的安全等级保护工作进行监督、检查。

第四级，信息系统受到破坏后，会对社会秩序和公共利益造成特别严重损害，或者对国家安全造成严重损害。国家信息安全监管部门对该级信息系统的安全等级保护工作进行强制监督、检查。

第五级，信息系统受到破坏后，会对国家安全造成特别严重损害。国家信息安全监管部门对该级信息系统的安全等级保护工作进行专门监督、检查。

2.4.4 GB/T 22240—2020《信息安全技术　网络安全等级保护定级指南》

GB/T 22240—2020《信息安全技术　网络安全等级保护定级指南》依据《信息安全等级保护管理办法》制定，从信息系统所承载的业务在国家安全、经济建设、社会生活中的重要作用和业务对信息系统的依赖程度这两方面，提出确定信息系统安全保护等级的方法，如表 2-4 所示。

表 2-4　定级要素与安全保护等级的关系

受侵害的客体	对客体的侵害程度		
	一般损害	严重损害	特别严重损害
公民、法人和其他组织的合法权益	第一级	第二级	第二级
社会秩序、公共利益	第二级	第三级	第四级
国家安全	第三级	第四级	第五级

信息系统的安全保护等级由两个定级要素决定：等级保护对象受到破坏时所侵害的客体和对客体造成侵害的程度。其中，等级保护对象受到破坏时所侵害的客体包括三个方面：①公民、法人和其他组织的合法权益；②社会秩序、公共利益；③国家安全。等级保护对象受到破坏后对客体造成侵害的程度归结为以下三种：①一般损害；②严重损害；③特别严重损害。而且，由于信息系统安全包括业务信息安全和系统服务安全，与之相关的受侵害客体和对客体的侵害程度可能不同，因此，信息系统定级由业务信息安全和系统服务安全两方面确定，并将业务信息安全保护等级和系统服务安全保护等级的较高者确定为定级对象的安全保护等级。确定信息系统安全保护等级的一般流程如下。

1）确定作为定级对象的信息系统。

2）确定业务信息安全受到破坏时所侵害的客体。

3）根据不同的受侵害客体，从多个方面综合评定业务信息安全被破坏对客体的侵害程度。

4）确定业务信息安全保护等级。

5）确定系统服务安全受到破坏时所侵害的客体。

6）根据不同的受侵害客体，从多个方面综合评定系统服务安全被破坏对客体的侵害程度。

7）确定系统服务安全保护等级。

8）将业务信息安全保护等级和系统服务安全保护等级的较高者确定为定级对象的安全保护等级。

📖 等级保护采用分系统定级的方法，当拥有多个信息系统时，需要分别进行定级，并分别进行保护。在五个监管等级中，三级与四级系统是监管重点，也是建设重点。

2.4.5 GB/T 22239—2019《信息安全技术　网络安全等级保护基本要求》

GB/T 22239—2019《信息安全技术 网络安全等级保护基本要求》是为了配合《中华人民共和国网络安全法》的实施，同时适应云计算、移动互联、物联网、工业控制和大数据等新技术、新应用情况下网络安全等级保护工作的开展，对 GB/T 22239—2008 进行的修订。针对共性安全保护需求提出安全通用要求，针对云计算、移动互联、物联网、工业控制和大数据等新技术、新应用领域的个性安全保护需求提出安全扩展要求，形成新的网络安全等级保护基本要求标准。

该标准对等级保护的对象进行了详细描述，指出等级保护对象通常是由计算机或者其他信息终端及相关设备组成的、按照一定的规则和程序对信息进行收集、存储、传输、交换、处理的系统，主要包括基础信息网络、云计算平台/系统、大数据应用/平台/资源、物联网（IoT）、工业控制系统和采用移动互联技术的系统等。该标准还明确了不同级别的安全保护能力与安全通用要求和安全扩展要求。这里通用安全要求和扩展安全要求包含如下 10 个方面。

①安全物理环境；②安全通信网络；③安全区域边界；④安全计算环境；⑤安全管理中心；⑥安全管理制度；⑦安全管理机构；⑧安全管理人员；⑨安全建设管理；⑩安全运维管理。

📖《信息安全技术 网络安全等级保护基本要求》是等级测评依据的主要标准，在等级测评时，这些基本要求可以转化为针对不同被测系统的测评指标。

2.4.6 GB/T 28448—2019《信息安全技术 网络安全等级保护测评要求》

GB/T 28448—2019《信息安全技术 网络安全等级保护测评要求》规定了三类测评方法，将等级测评过程分为四个活动，并给出了等级测评活动工作流程、测评指标选取。

（1）三类测评方法

三类测评方法包括访谈、检查、测试。

访谈：指测评人员通过与信息系统有关人员（个人/群体）进行交流、讨论等活动，获取相关证据以表明信息系统安全保护措施是否有效落实的一种方法。在访谈范围上，应该基本覆盖所有的安全相关人员类型，在数量上可以抽样。

检查：指测评人员通过对测评对象进行观察、查验、分析等活动，获取相关证据以证明信息系统安全保护措施是否有效实施的一种方法。在检查范围上，应基本覆盖所有的对象种类（设备、文档、机制等），数量上可以抽样。

测试：指测评人员针对测评对象按照预定的方法或工具使其产生特定的响应，通过查看和分析响应的输出结果，获取证据以证明信息系统安全保护措施是否得以有效实施的一种方法。在测试范围上，应基本覆盖不同类型的机制，在数量上可以抽样。

（2）四个测评活动

等级测评过程分为四个活动：测评准备、方案编制、现场测评和报告编制，而测评双方之间的沟通与洽谈应当贯穿整个等级保护测评过程。

（3）测评流程

等级测评活动的工作流程包括测评准备、方案编制、现场测评及报告编制，如图 2-6 所示。

（4）测评指标选取

测评指标由通用安全保护类（G 类）、系统服务安全保护类（A 类）、业务信息

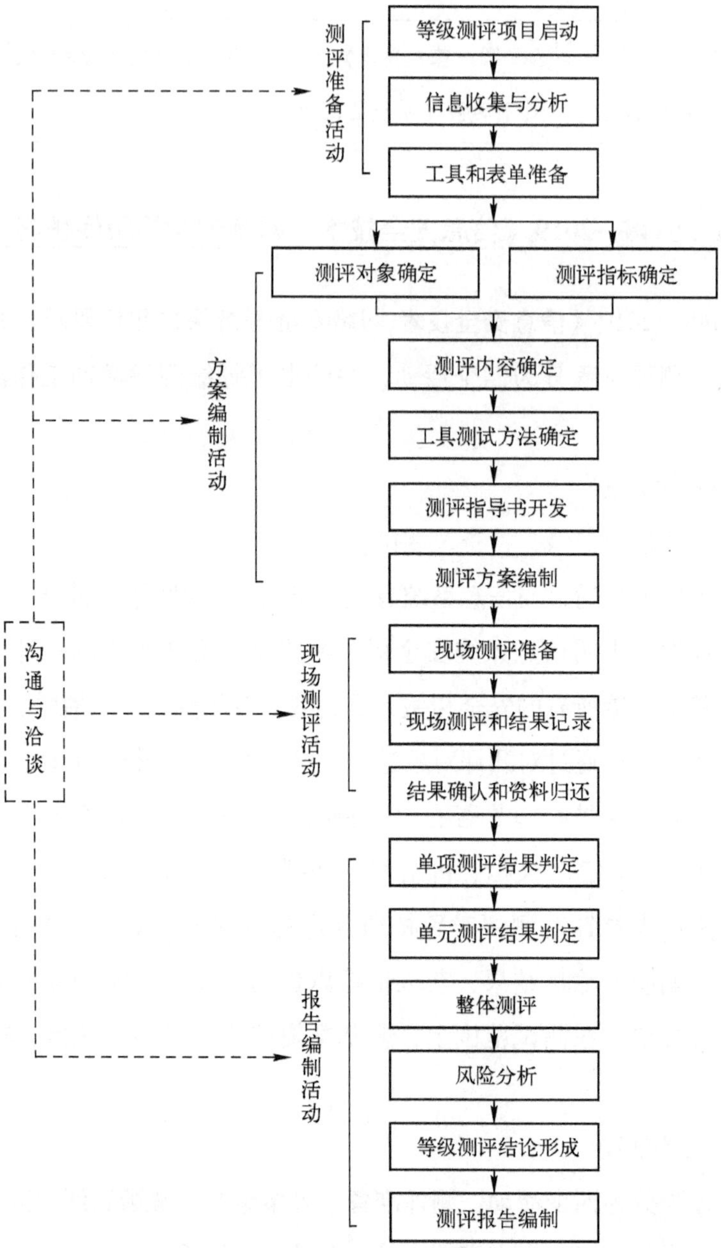

图 2-6　等级测评活动的工作流程

安全保护类（S 类）这三类组成，涉及安全技术和安全管理两个部分。对于具体的信息系统，确定测评指标需要根据系统的安全保护等级、业务信息安全保护等级、系统服务安全保护等级的具体情况，选择与被测系统的保护等级相对对应的基本要求作为测评指标。

2.5　涉密信息系统分级保护标准

2.5.1　BMB 17—2006《涉及国家秘密的信息系统分级保护技术要求》

BMB17—2006《涉及国家秘密的信息系统分级保护技术要求》规定了涉密信息系统的等级划分准则和相应等级的安全保密技术要求，适用于涉密信息系统的设计单位、建设单位、使用单位对涉密信息系统的建设、使用和管理，也可用于保密工作部门对涉密信息系统的管理和审批。

2.5.2　BMB 20—2007《涉及国家秘密的信息系统分级保护管理规范》

BMB20—2007《涉及国家秘密的信息系统分级保护管理规范》规定了涉密信息系统的分级保护管理过程、管理要求和管理内容，适用于涉密信息系统的设计单位、建设使用单位（主持建设、使用涉密信息系统的单位）对涉密信息系统的建设、使用和管理，也可用于保密工作部门对涉密信息系统的管理和审批。

2.6　《网络安全法》

党的十八大以来，党中央对加强网络安全法制建设提出了明确要求，我国迫切需要建立和完善网络安全的法律制度，提高全社会的网络安全意识和网络安全水平。同时，网络侵权行为严重危害了公民、法人和其他组织的合法权益，广大人民群众迫切地呼吁加强网络空间法制建设，净化网络环境。为了保障网络安全、维护网络空间主权和国家安全、社会公共利益，保护公民、法人和其他组织的合法权益，促进经济社会信息化健康发展，十二届全国人大常委会于 2016 年 11 月 7 日表决通过了《中华人民共和国网络安全法》（以下简称《网络安全法》），该法自 2017 年 6 月 1 日起施行。

《网络安全法》里的网络不仅仅是传统 IT 领域狭义的仅包含网线、交换机等数据通信设备的计算机网络，还包含相关处理信息的服务器和各种其他软硬件，是广义的网络空间，相当于国外的 Cyberspace 概念，而不仅仅是 Network。网络安全也不仅仅是对计算机网络本身的攻击，还包含对网络中处理的数据的三性保护，可以理解为网络空间安全，包含网络运行安全和网络信息安全。其中，网络运行安全是指对网络运行环境的安全保障，主要包含传统网络安全中对于保障信息系统正常运行的物理环境、网络环境、主机环境和应用环境的技术管理措施；网络信息安全则是指对网络数据和个人信息的安全保障，主要包含传统数据安全与内容安全的范畴。

2.6.1 特色

《网络安全法》是网络安全领域的一部重要基础法律，具有全面性、针对性和协调性的特色。

(1) 全面性

确定了各相关主体（国家网信部门、国务院电信主管部门、公安部门和其他有关机关等）在网络安全保护中的义务和责任，确定了网络运行安全和网络信息安全各方面的基本制度，明确要求落实网络安全等级保护制度。

(2) 针对性

从我国基本国情出发，坚持问题导向，总结实践经验，借鉴了其他一些国家的做法，重在管用和解决实际问题。

(3) 协调性

注重保护网络主体的合法权益，保障网络信息依法、有序、自动地流动，促进网络技术创新，最终实现以安全促发展，以发展促安全。

2.6.2 亮点

《网络安全法》为我国信息安全保障工作奠定了坚实的基础，突出亮点在于以下六个方面。

1) 明确网络空间主权原则。

2) 明确网络产品和服务提供者的安全义务。

3) 明确网络运营者的安全义务。

4）进一步完善个人信息保护规则。

5）建立关键信息基础设施安全保护制度。

6）确立了重要数据的跨境传输原则。

习题

（1）解释信息安全管理体系规范 ISO/IEC 27001 的内涵。

（2）阐述风险评估、风险管理与信息安全管理的关系。

（3）根据《网络安全法》，总结网络运营者、网络产品和服务提供者的安全义务。

（4）网络安全等级保护的核心思想是什么？

第 3 章　安全检测信息采集技术

系统基本信息的采集主要是收集各种与评估对象系统相关的信息，诸如网页、域名、网络结构、开放端口、操作系统版本、业务应用、业务数据等，是安全测评过程的第一阶段，也是实施网络攻击的第一步。网络安全防护需要做到“知己知彼”，才能“百战不殆”，因此本章介绍与目标网络信息收集相关的踩点、端口扫描、操作系统指纹识别及社会工程方法等。

3.1　信息踩点

踩点（Footprinting）指的是黑客在面对特定的网络资源准备行动之前，收集汇总各种与目标系统相关的信息，以形成对目标网络必要的轮廓性认识，并为实施攻击做好准备。黑客的攻击活动从踩点开始，获取的信息通常如下。

1）网页信息（包括联系方式、合作伙伴、公司业务情况等较直观的信息）。

2）域名信息（包括域名服务器、网管联系人、邮件服务器以及其他应用服务器的注册信息）。

3）网络块（公司注册的 IP 地址范围）。

4）网络结构（初步探测目标网络的拓扑结构，包括防火墙位置等）。

5）路径信息（通达目标系统的网络路由信息）。

3.1.1　Whois

（1）Whois 踩点原理

Whois 是实现域名信息查询的重要方式之一，也是当前域名系统中不可或缺的一项信息服务。Whois 踩点**主要是收集域名注册信息**，如 IP 地址、注册时间、过期日期、域名状态、服务商、注册人的信息等，用于查询某一域名是否已经被注册，以及该注册域名的所有人、注册商等详细信息。Whois 踩点基于 Whois 服务，它是一种在线的“请求/响应”式服务。Whois 服务器（Server）运行在后台，监听 43 端口，由每个域名 IP 所对应的管理机构来保存其 Whois 信息。当 Internet 用户搜索一个域名（或主机、联系人等其他信息）时，Whois 服务器首先建立一个与客户端（Client）的 TCP 连接，然后接收用户请求的信息并据此查询后台域名数据库。如果数据库中存在相应的记录，它会将相关信息（如所有者、管理信息以及技术联络信息等）反馈给客户端。待服务器输出结束，客户端关闭连接，至此，一个查询过程结束。根据因特网工程任务组（Internet Engineering Task Force，IETF）要求，Whois 服务一般由 Whois 系统来提供。Whois 系统是一个客户端/服务器（Client/Server）系统，其中 Client 主要负责提供访问 Whois 系统的用户接口。近年来，随着 Web 应用的普及与进步，通过使用 Web 系统进行域名信息的查询已经成为主流趋势。基于 Web 的 Whois 查询系统在各级域名注册管理机构得到了部署，而客户端的 Whois 查询大多以网页应用为主。

（2）Whois 查询示例

Whois 的查询方式有多种，其中早期的 Whois 查询方式大多数以命令行接口的形式，近年来出现了一些线上查询工具，如 https://www.whois.com/whois/，通过网页接口形式可实现一次向不同的数据库查询 Whois 信息。通过 Whois 查询域名 www.baidu.com 所获取的信息如下。

```
Domain Name: baidu.com
Updated Date: 2019-01-24T20:00:51-0800
Creation Date: 1999-10-11T04:05:17-0700
Registrar Registration Expiration Date: 2026-10-11T00:00:00-0700
Registrar:MarkMonitor, Inc.
Registrant Organization: Beijing Baidu Netcom Science Tech-
nology Co., Ltd.
Registrant State/Province: Beijing
Registrant Country: CN
Admin Organization: Beijing Baidu Netcom Science Technology
```

```
Co., Ltd.
Admin State/Province: Beijing
Admin Country: CN
Tech Organization: Beijing Baidu Netcom Science Technology
Co., Ltd.
Tech State/Province: Beijing
Tech Country: CN
```

由以上信息可知，域名 www.baidu.com 是由位于中国北京的 Beijing Baidu Netcom Science Technology Co., Ltd. 在 1999 年 10 月 11 日注册的，其域名注册商为 MarkMonitor, Inc。

3.1.2 DNS 查询

DNS（Domain Name System，域名系统）是 Internet 服务的基本支撑，包括 Web 访问、E-mail 服务等在内的众多网络服务都依赖于 DNS 查询。因此，针对 DNS 的攻击将对网络的稳定运行与应用安全造成巨大的威胁。目前，针对 DNS 的攻击主要有：通过对域名系统的恶意 DDoS 攻击造成域名解析系统瘫痪；通过域名劫持的方式修改注册信息并劫持域名解析结果；域名系统管理权的变更；通过对 DNS 系统漏洞的攻击篡改 DNS 信息；DNS 敏感信息的泄露。作为当前全球最复杂的分布式数据库系统之一，DNS 面临的安全威胁亟待解决。

（1）DNS 踩点原理

DNS 踩点主要是为了搜集 DNS 服务器的信息，包括权威服务器（主+辅，权威解答）、递归缓存服务器（ISP 提供），获取特定域名映射的 IP 地址。DNS 踩点基于 DNS 协议、分布式数据库及查询方式。DNS 数据库主要用来存储域名和 IP 地址的互相映射，服务于用户的互联网访问。每个 IP 地址都可以有一个主机名，主机名由一个或多个字符串组成，字符串之间用小数点隔开。通过域名与 IP 地址的相互映射，用户访问某一 IP 时不需要使用繁杂的数字串，只需要通过具有相对直观含义的域名即可。DNS 协议运行在用户数据报协议（User Datagram Protocol，UDP）之上，端口号为 53。通过访问域名得到该域名所对应的 IP 地址的过程叫作域名解析，有时也称主机名解析。

DNS 查询的主要方式有四种：本地解析、直接解析、递归解析与迭代解析，具体如下。

1）本地解析：客户端的日常 DNS 解析记录将被保存在本地的 DNS 缓存中，客户端可以使用本地缓存信息及时应答。当其他程序提出 DNS 查询请求后，该请求将被传达给 DNS 客户端程序。DNS 客户端优先使用本地缓存信息进行解析。如果可以解析到待查询的域名，则将解析结果传回应用程序，此过程不需要向 DNS 服务器查询。

2）直接解析：该方法向主机所设定的 DNS 服务器进行查询解析。当 DNS 客户端程序不能从本地缓存中得到所需解析结果时，就会向主机所设定的 DNS 服务器发送查询请求，要求局部 DNS 服务器进行域名解析。局部 DNS 服务器收到查询请求后，首先查看该查询请求是否能被应答，若能被应答，则返回查询结果；若不能应答，则查看自身的 DNS 缓存后返回查询结果。

3）递归解析：若局部 DNS 解析服务器不能应答该 DNS 解析请求，则该请求需要通过其他 DNS 服务器解析查询。其中一种方式是递归解析。局部 DNS 服务器自己向其他 DNS 服务器进行查询。由该域名的根域名服务器逐级向下查询，查询结果返回给局部 DNS 服务器，再向客户端应答。

4）迭代解析：局部 DNS 服务器不能应答 DNS 查询时的另一种查询方式是迭代解析。在迭代解析中，局部 DNS 服务器并不自己查询该解析结果，而是把能解析该域名的 IP 地址返回给主机，供主机查询。主机的 DNS 查询程序得到该 IP 地址后向该 IP 地址查询 DNS 解析结果，直到查询到解析结果为止。

（2）DNS 踩点举例

本地 DNS 查询可以使用 nslookup 工具，具体方法为打开命令提示符窗口输入“nslookup-qt”，然后按〈Enter〉键，如图 3-1 所示为应用 nslookup 工具对 www.baidu.com 进行 DNS 踩点后所获取的信息，www.baidu.com 对应的 IP 地址为 119.75.217.109 和 119.75.217.126。

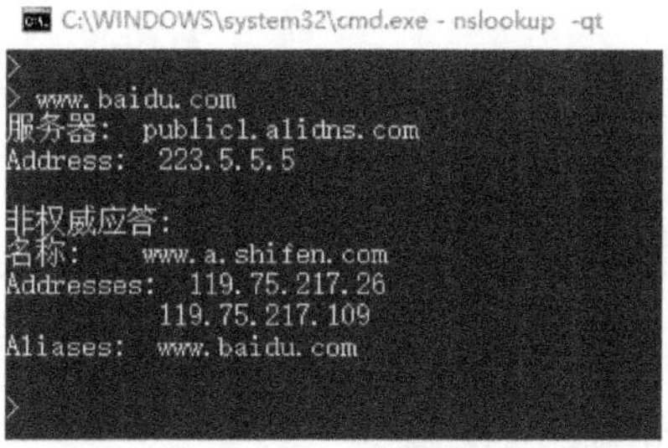

图 3-1 www.baidu.com 的 DNS 踩点信息

3.1.3 Ping

（1）Ping 踩点原理

Ping 踩点就是对远程主机发送测试数据包，看远程主机是否有响应并统计响应时间，以判断远程主机的在线状态。这是检查网络是否通畅或者网络连接速度的方法，同时该方法可以很好地帮助分析和判定网络故障。Ping（Packet Internet Groper，互联网分组探测器）是 Windows、UNIX 和 Linux 系统下的一个命令，也属于一种通信协议，是 TCP/IP 的一部分。Ping 命令是一个简单实用的 DOS 命令，其发送一个 ICMP（Internet Control Messages Protocol，互联网控制报文协议）数据包给目的地址，再要求对方返回一个同样大小的应答数据包（ICMP echo），由此来确定两台网络机器是否连通以及时延大小。如果 Ping 执行不成功，则故障可能出现在网线是否连通、网络适配器配置是否正确、IP 地址是否可用等几个方面。当出现远程主机不在线等情况时，Ping 应答包会返回异常信息，常见的异常信息如下。

1）Request timedout：请求超时，这种信息通常对应三种情况：①对方已关机，或者网络上根本没有这个地址；②对方与自己不在同一网段内且不确定对方是否存在，通过路由也无法找到对方；③对方确实存在，但设置了 ICMP 数据包过滤（比如防火墙设置）。

2）Destination host unreachable：目的主机不可达，这表示对方主机不存在或者没有跟对方建立连接。这里要注意 Destination host unreachable 和 Request timed out 的区别，如果所经过的路由器的路由表中具有到达目标的路由，而目标因为其他原因不可到达，这时候会出现 Request timed out，如果路由表中连到达目标的路由都没有，那就会出现 Destination host unreachable。

3）Bad IP address：表示有可能没有连接到 DNS 服务器，无法解析这个 IP 地址，也可能是 IP 地址不存在。

4）Unknown host：未知主机，表示远程主机的名字不能被域名服务器（DNS）转换成 IP 地址，故障原因可能是域名服务器有故障、名字不正确或者网络管理员的系统与远程主机之间的通信线路有故障。

5）No answer：无响应，这种故障说明本地系统有一条通向中心主机的路由，但却接收不到它发给该中心主机的任何信息。故障原因可能是下列之一：①中心主机没有工作；②本地或中心主机的网络配置不正确；③本地或中心的路由器没有工作；④通信线路有故障；⑤中心主机存在路由选择问题。

（2）Ping 踩点示例

图 3-2 给出对 IP 地址为 119.75.217.109 的远程主机进行 Ping 踩点所返回的信息，由此可知远程主机为在线状态。

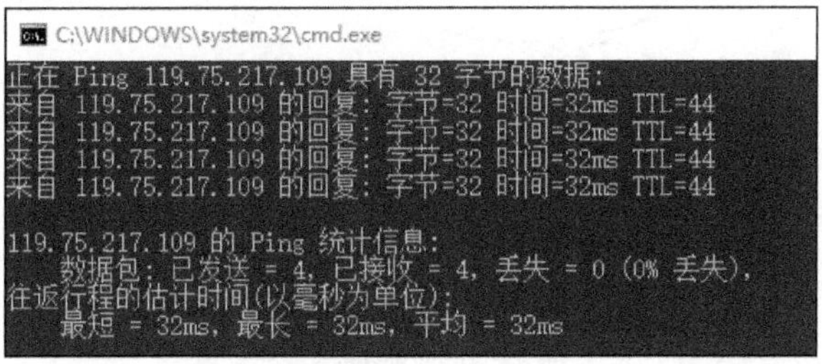
C:\WINDOWS\system32\cmd.exe
正在 Ping 119.75.217.109 具有 32 字节的数据:
来自 119.75.217.109 的回复: 字节=32 时间=32ms TTL=44
来自 119.75.217.109 的回复: 字节=32 时间=32ms TTL=44
来自 119.75.217.109 的回复: 字节=32 时间=32ms TTL=44
来自 119.75.217.109 的回复: 字节=32 时间=32ms TTL=44
119.75.217.109 的 Ping 统计信息:
数据包: 已发送 = 4，已接收 = 4，丢失 = 0 (0% 丢失)，
往返行程的估计时间(以毫秒为单位):
最短 = 32ms，最长 = 32ms，平均 = 32ms

图 3-2　远程主机 119.75.217.109 的 Ping 踩点信息

3.1.4 Traceroute

（1）Traceroute 踩点原理

Traceroute 踩点基于 Traceroute（或 Tracert）命令，它利用 ICMP 能够遍历到数据包传输路径上的所有路由器，定位一台计算机和目标计算机之间的所有路由器。它利用 IP 报文头部可以反映数据包经过的路由器或网关数量的 TTL（Time To Live）值，通过操纵独立 ICMP 呼叫报文的 TTL 值和观察该报文被抛弃的返回信息，来确定从源端到互联网另一端主机的路径。首先，Traceroute 送出一个 TTL=1 的 IP 数据包到目的地，当路径上的第一个路由器收到这个 IP 数据包时，TTL 值将减 1 变为 0，所以该路由器会将此数据包丢掉，并送回一个包括 IP 包源地址、IP 包的所有内容及路由器的 IP 地址等信息的 ICMP 超时消息。Traceroute 收到这个消息后，便知道这个路由器存在于这个路径上，接着 Traceroute 再送出另一个 TTL=2 的数据包，发现第二个路由器，以此类推。Traceroute 通过将每次送出 IP 数据包的 TTL 加 1 来发现另一个新的路由器，这个重复的动作一直持续到某个数据包抵达目的地。当数据包到达目的地后，该主机并不会送回 ICMP time exceeded 消息，而是送回一个 ICMP port unreachable 的消息。当发送 ICMP 数据包的主机收到这个消息时，便知道目的地已经到达了。Traceroute（或 Tracert）的工作原理如图 3-3 所示。

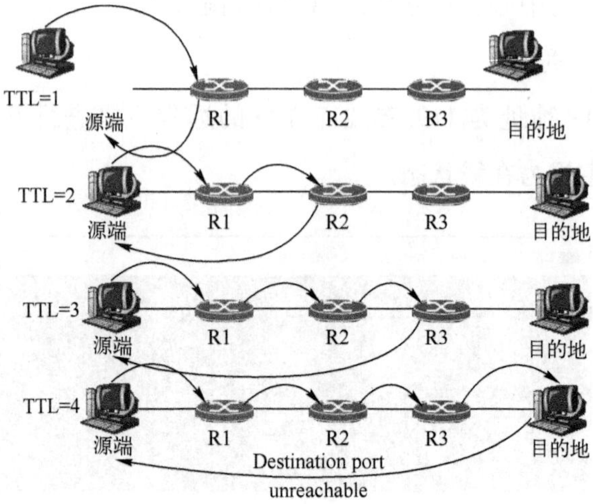

图 3-3　Traceroute（或 Tracert）工作原理

（2）Traceroute 踩点示例

在 Windows 操作系统中，在命令行中使用 Traceroute（或 Tracert）命令对到达 119. 75. 217. 26 的路由信息进行踩点，结果如图 3-4 所示。

图 3-4　Traceroute 踩点示例

3.2 端口扫描

端口扫描是获取主机信息的一种重要办法。通过对目标系统的端口扫描，可以获取主机的服务、软件版本、系统配置、端口分配等相关信息。端口作为潜在通信信道的同时，也是黑客入侵的通道。通过对端口的扫描与端口数据的分析，安全管理员、评估人员、黑客均可以得到众多关键信息，从而发现系统的安全漏洞、不必要开放的端口、脆弱软件等。端口扫描主要通过连接目标系统的 TCP 和 UDP 端口，来确定哪些服务正在运行。下面介绍主流的扫描技术。

3.2.1 开放扫描

开放扫描又称 TCP connect 扫描，它是最直接的端口扫描方法。扫描主机通过 TCP/IP 的 3 次握手与目标主机的指定端口建立一次完整的连接。连接由系统调用 connect( )开始，如果端口开放，则连接建立成功；否则返回-1，表示端口关闭。图 3-5 和图 3-6 分别给出连接成功及连接失败的开放扫描原理。

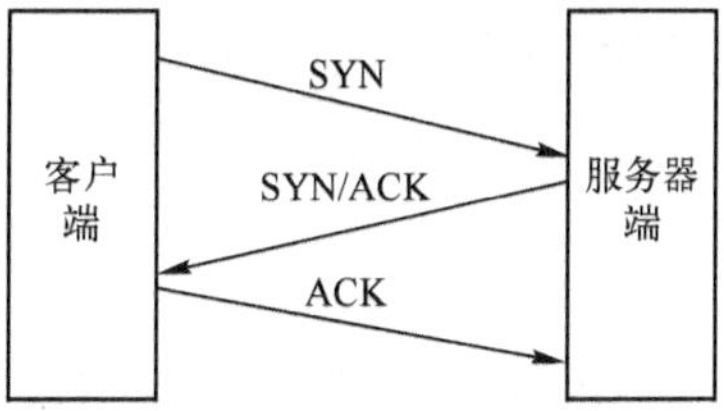

图 3-5　连接成功的开放扫描

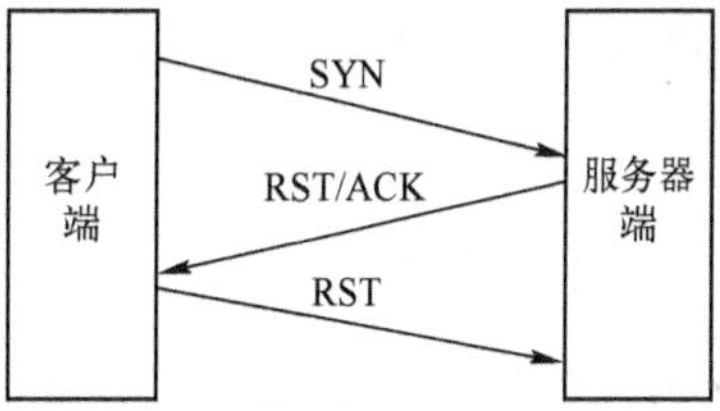

图 3-6　连接失败的开放扫描

📖 开放扫描实现起来非常容易，对操作者权限没有限制，但是开放扫描会被主机记录。

3.2.2 半开放扫描

半开放扫描又称 TCP SYN 扫描，半开放端口扫描方法不需要 3 次握手，扫描主机与目标主机之间不用建立完整的连接。图 3-7 和图 3-8 分别给出连接成功及未连接成功的半开放扫描原理。

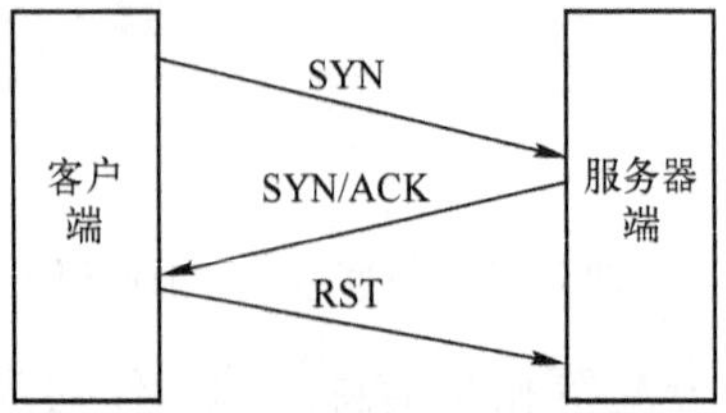

图 3-7　连接成功的半开放扫描

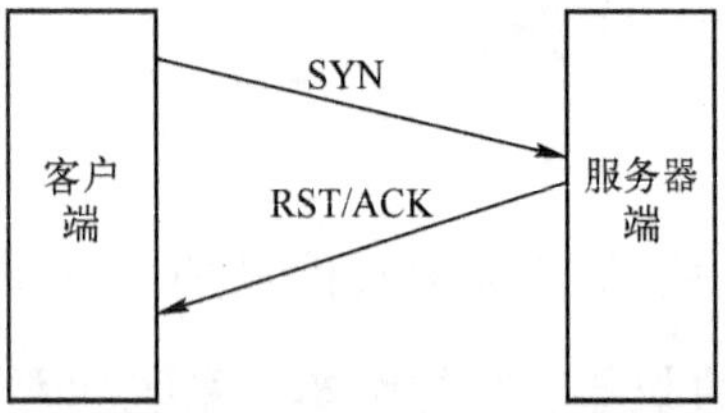

图 3-8　未连接成功的半开放扫描

📖 半开放扫描可能不会被记入系统日志，所以不会在目标计算机上留下记录。但是，通常情况下，构造自己的 SYN 数据包必须要有 root 权限。

3.2.3　秘密扫描

秘密扫描是一种不被审计工具所检测的扫描技术，它能躲避 IDS、防火墙、包过滤器和日志审计，从而获取目标端口的开放或关闭信息。由于没有包含 TCP 的 3 次握手协议的任何部分，所以无法被记录下来，因此比半开放扫描更为隐蔽。秘密扫描的缺点是扫描结果的不可靠性会增加，而且扫描主机也需要自己构造 IP 包。现有的秘密扫描有 TCP FIN 扫描、TCP ACK 扫描、TCP NULL 扫描、Xmas Tree 扫描等，具体介绍如下。

（1）TCP FIN 扫描

使用 FIN 数据包来探听端口。由于这种技术不包含标准的 TCP 三次握手协议的任何部分，所以无法被记录下来。当一个 FIN 数据包到达一个关闭的端口时，数据包会被丢掉并会返回一个 RST 数据包；否则，当一个 FIN 数据包到达一个打开的端口时，数据包只是被简单地丢掉而不返回 RST。这种方法在区分 UNIX 和 NT 操作系统时十分有用。

（2）TCP ACK 扫描

扫描主机向目标主机发送 ACK 数据包。根据返回的 RST 数据包，推断端口信息。若返回的 RST 数据包的 TTL 值小于或等于 64，则端口开放，反之，则端口关闭。

（3）TCP NULL 扫描

根据 RFC 793[⊖]的要求，将一个没有设置任何标志位的数据包发送给 TCP 端口，在正常的通信中至少要设置一个标志位；根据 RFC 793 的要求，在端口关闭的情况下，若收到一个没有设置标志位的数据字段，那么主机应该舍弃这个分段，并发送一个 RST 数据包，否则不会响应发起扫描的客户端计算机。也就是说，如果 TCP 端口处于关闭，则响应一个 RST 数据包，若处于开放则无响应。NULL 扫描要求所有的主机都符合 RFC 793 规定。

（4）Xmas Tree 扫描

根据 RFC 793 的要求，程序往目标端口发送一个 FIN（结束）、URG（紧急）和 PSH（弹出）标志的分组，若其关闭，应该返回一个 RST 分组。

3.3　操作系统指纹识别技术

操作系统指纹识别技术可以帮助确定某台设备上运行的操作系统类型，其通过分析设备向网络发送的数据包中某些协议标记、选项和数据，推断发送这些数据包的操作系统。只有确定了某台主机上运行的操作系统，攻击者才可以对目标机器发动有针对性的攻击，测评人员可以确定测试方法、步骤、工具等。因此，能够探测远程操作系统版本的网络侦察工具非常有价值，因为操作系统的类型及版本决定了系统的安全漏洞，如果没有这些信息，攻击者的渗透和利用都会受到限制。例如，没有操作系统指纹识别技术，攻击者就无法知道目标服务器运行的是 IIS 服务还是 Apache 服务，有可能用 IIS 的漏洞去攻击 Apache 服务，最后无功而返。所以，获取目标操作系统信息对于攻击者和测评人员来说，都是非常关键的过程。

3.3.1　基于 TCP 数据报文的分析

根据 RFC 793 的定义，传输控制协议（Transmission Control Protocol，TCP）是一种面向连接的、可靠的、基于字节流的传输层通信协议。而在计算机网络的开放系

⊖ RFC 是一系列以编号排定的文件，它收集了与互联网有关的信息，以及 UNIX 和互联网社群的软件文件，RFC 793 是传输控制协议。——编辑注

统互连（Open System Interconnection，OSI）七层模型中，TCP 层位于 IP 层之上、应用层之下，为不同主机的应用层之间提供可靠的、像管道一样的连接，即 TCP 是一种面向连接的、可靠的、基于字节流的传输层通信协议。利用网络协议栈的指纹识别需要分析 TCP 的标志位，进而判断操作系统类型。为此下面先给出 TCP 报文头的字段，然后分别介绍主动和被动的操作系统指纹识别方法。

（1）TCP 数据报文字段

1）在 TCP 首部中有 6 个标志比特位（见图 3-9），它们的名称及意义分别如下。

① SYN：表示 SYN 报文，在建立连接时双方同步序列号。如果 SYN=1、ACK=0，则表示该数据包为连接请求；如果 SYN=1、ACK=1，则表示接受连接。

② FIN：表示发送端已经没有数据要求传输了，希望释放连接。

③ RST：用来复位一个连接。用 RST 标志置位的数据包称为复位包。一般情况下，如果 TCP 收到的一个分段明显不是属于该主机上的任何一个连接，则向远端发送一个复位包。

④ URG：紧急数据标志。如果为 1，表示本数据包中包含紧急数据，此时紧急数据指针有效。

⑤ ACK：确认标志位。如果为 1，表示包中的确认号是有效的；否则，表示包中的确认号无效。

⑥ PSH：Push 功能，如果置位，则接收端应尽快把数据传送给应用层。

2）窗口大小：表示接收缓冲区的空闲空间，用来告诉 TCP 连接对端自己能够接收的最大数据长度。TCP 的流量控制由连接的每一端通过声明的窗口大小来提供，窗口大小以字节数来表示，起始于确认序号字段指明的值，这个值是接收端所期望接收的字节。窗口大小是一个 16 位（bit）的字段，因而窗口大小的最大值为 65535 字节。

3）检验和：覆盖了整个的 TCP 报文段，包括 TCP 首部和 TCP 数据。这是一个强制性的字段，一定是由发端计算和存储，并由收端进行验证。TCP 检验和的计算和 UDP 检验和的计算相似，使用一个伪首部。

4）紧急指针：只有当 URG 标志置 1 时紧急指针才有效。紧急指针是一个正的偏移量，它和序号字段中的值相加表示紧急数据最后一个字节的序号。TCP 的紧急方式是发送端向另一端发送紧急数据的一种方式。

图 3-9　TCP 数据报文

（2）主动识别技术

主动识别技术要构造特定的数据包送到目标主机，通过分析目标主机对该激励的响应来推测其操作系统的类型。从目标主机响应的三方面特征来判断操作系统的类型，它们分别是 FIN 行为探测、特征字段分析、发送数据包的时间间隔。

1）FIN 行为探测。

FIN 探测是典型的行为探测。根据 RFC 793 的要求，当一个 FIN 包、URG 包、PSH 包或者没有任何标记的 TCP 数据包到达目标系统的监听端口时，正确的行为应当是不响应的，并且丢弃数据包。大部分操作系统也的确如此。但另一些操作系统，如 Windows、BSDI、Cisco、HP/UX 和 IRIX 都会在丢弃该包时返回一个 RST 包，这就是所谓的“FIN 行为”。可见，检测是否发送 RST 能够为探测操作系统的类型提供有用信息。

2）特征字段分析。

① BOGUS 标记探测：在 SYN 包的 TCP 头中，会设置一个未定义的 TCP 标记，而 Linux 2.0.35 之前的操作系统则会在响应中保持这个标记，其他操作系统少有这种情况。

② ACK 值检测：构造一个 FIN 包、PSH 包或者 URG 包，如果将其发送到一个关闭的 TCP 端口时，大多数操作系统会将返回包的序列号设置为 ACK 的值。但是 Windows 会将 Ack-1 作为返回包的序列号；如果将其发送到一个打开的端口，Windows 可能会将发送包的序列号作为返回包的序列号，也可能将发送包的序列号+1 后返回，甚至选择一个随机数作为序列号返回。

3）发送数据包的时间间隔。

重传是确保 TCP 报文可靠到达的主要机制。当数据包到达接收端口时，接收端会向发送端发送确认报文。如果发送端在某个时间段内没有收到确认报文，会重发该数据包。在尝试多次重发后，如果依然没有收到接收方对该报文的确认，会认为连接中断，停止重发。每种操作系统在实现该机制时，可能会设置不同的重发尝试次数以及不同的间隔，这些也可作为判别操作系统类型的依据。

（3）被动协议栈指纹识别

被动协议栈指纹识别在原理上和主动协议栈识别相似，但是它不主动发送数据包，只是被动地捕获远程主机返回的包来分析其操作系统类型、版本。下面是 4 种常用的被动签名。

1）TTL：操作系统对出站信息包设置的存活时间。

2）Windows Size：操作系统设置的窗口大小。

3）DF：是否设置了不准分片位。

4）TOS：设置的服务类型。

在捕捉到一个数据包后，通过综合上述 4 个因素的分析，就能基本确定一个操作系统的类型。例如，获得了一个局域网内数据包，它具有如下几个特征，即 TTL 为 64，Windows Size 为 0x7D78，DF 为 The Don't Fragment bit is set，TOS 为 0x0。

将以上数据对照指纹数据库进行分析，首先发现 TTL 值为 64，因为它是局域网内主机发过来的数据包，所以它是经过了 0 个路由器到达当前的主机，初始的 TTL 值为 64。基于这个 TTL 值，查看数据库，发现有 3 种操作系统的 TTL 值为 64，因此暂时还无法确定是哪一种操作系统。然后比较窗口大小，获得的数据为 0x7D78（十进制为 32120），而在数据库中，发现这一窗口大小正是一个 Linux 系统所使用的，这时即可确定收到的包是从一个内核版本为 2.2.x 的 Linux 系统中发出的。由于大多数系统都设置了 DF 位，因此这个签名提供的信息非常有限，然而它也能够使我们很容易地鉴别少数没有使用 DF 标识的系统，如 SCO 或 OpenBSD。与 DF 类似，TOS 提供的信息也同样很有限，通常是与上面几项结合使用。因此，通过分析数据包头部这几个信息，基本上就能够确定操作系统的类型。

3.3.2 基于 ICMP 数据报文的分析

互联网控制报文协议（Internet Control Message Protocol，ICMP）是一种面向无连接的协议，用于传输出错报告控制信息。ICMP 是 TCP/IP 协议族的一个子协议，用于在 IP 主机、路由器之间传递控制消息。控制消息一般指网络通畅与否、主机可达与否、路由可用与否等网络本身的消息。这些控制消息并不用于传输用户数据，但是对用户数据的传递起着重要的作用。当遇到 IP 数据无法访问目标、IP 路由器无法按当前的传输速率转发数据包等情况时，ICMP 消息将被自动发送。ICMP 对于网络安全具有极其重要的意义。基于 ICMP 的指纹探测技术主要是构造并向目标系统发送各种可能的 ICMP 报文或者 UDP 报文，然后对接收到的 ICMP 响应报文或错误报文的指纹特征进行提取分析，从而识别目标系统的操作系统。

下面分别给出 ICMP 包头说明及基于 ICMP 的指纹探测技术。

（1）ICMP 包头

如图 3-10 所示，ICMP 包有一个 8 字节长的包头，其中前 4 个字节是固定的格式，它包含 8 位类型字段、8 位代码字段和 16 位的校验和；后 4 个字节则根据 ICMP 包的类型而取不同的值。

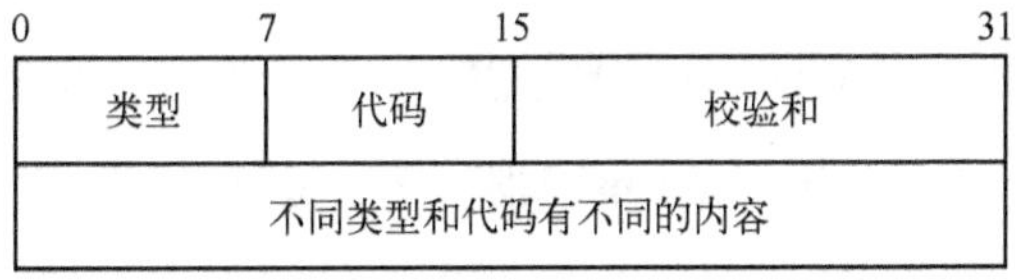

图 3-10　ICMP 包头说明

ICMP 在网络中被广泛使用，例如前文提及的经常使用的用于检查网络是否通畅的 Ping 命令与跟踪路由的 Traceroute 命令都是基于 ICMP 的。目标系统响应 ICMP 命令时返回的数据，常常反映出其操作系统的特征，比如，错误消息回应完整性。一般情况下当端口不可到达时，目标系统会把原始消息的一部分返回，并随同发送不可到达错误，然而一些操作系统会把送回的原始信息进行修改；对于有效载荷信息，Windows 的 ICMP 请求报文的有效载荷中包含字母，而 Linux 的 ICMP 请求报文的有效载荷中则包含了数字和符号。

（2）常规 ICMP 协议指纹探测技术

1）用 DF（Don't Fragment）位来识别 Sun Solaris、HP-UX 10.30、AIX 4.3.x 等操作系统。在 RFC 791 中定义了 IP 数据包头中的三位控制标志：第 0 位是保留标志，必须为零；第 1 位是不分片标志 DF，只可取两个值，0 代表可以分片，1 表示不能分片，若此标志被置位，则 IP 层的包分片将不被允许，反之亦然；第 2 位是片未完标志，它也可取两个值，0 表示此为最后一个分片，1 表示后面还有分片将到达。Sun Solaris 在应答报文中默认把 DF 标志置位，但 HP-UX 10.30& 11.0x 和 AIX 4.3.x 对连续发送的询问报文，其应答报文中的 DF 标志将发生变化，有可能在第一个应答报文中，其 DF 位就被置为 1。也有可能在数个应答报文发送后才置 DF 位。分析这些细节将有助于区分 Sun Solaris、HP-UX 10.30& 11.0x 和 AIX 4.3.x 等操作系统。

2）用 TTL 字段来进行指纹探测。在 ICMP 请求报文和 ICMP 应答报文中都存在 TTL 字段，其初始值由源主机设置，通常为 32 或 64。使用 TTL 字段值有助于识别或分类某些操作系统，而且它也提供了一种最简单的主机操作系统识别准则。各类操作系统在 ICMP 回应应答报文中的 TTL 值都有不同的设置：UNIX 类操作系统在 ICMP 回应应答报文中使用 255 作为 TTL 字段值；Compaq Tru64 5.0 和 LINUX 2.0.x 则比较例外，在 ICMP 回应应答报文中会把 TTL 值设为 64；Windows 类操作系统的 TTL 值设为 128；Windows 95 是唯一在 ICMP 回应应答报文中把 TTL 字段置为 32 的操作系统。

3）用分片的 ICMP 地址掩码请求来识别操作系统。某些操作系统会对 ICMP 地址掩码请求有响应，包括 Ultrix、OpenVMS、Windows、HP-UX 11.0 和 Sun Solaris。分片的 ICMP 地址掩码请求指纹探测技术会首先发送分片数据包，其中 IP 数据部分只有 8 字节，则 Sun Solaris 和 HP-UX 将以 0.0.0.0 作为地址掩码返回，而其他几种操作系统则以真实的地址掩码返回；然后，再向以真实的地址掩码来应答的操作系统发送 ICMP 报头中的代码字段被置为非 0 的地址掩码请求包，则 Ultrix、OpenVMS 仍以非 0 的代码字段返回，而 Windows 则将代码字段置 0。

（3）非规则的 ICMP 协议指纹探测技术

1）用优先权子字段进行指纹探测。AIX 4.3 等大多数操作系统在 ICMP 回应应答报文中仍然使用 ICMP 回应请求报文中的优先权子字段（Precedence）值，但是另外一些操作系统，如 Windows 2000 和 Ultrix 在 ICMP 回应应答报文中将优先权子字段置为0，而HP-UX 11.0的处理方式则更加特别，其在第一个应答报文中保持优先权子字段值不变，随后发送一个1500字节的ICMP回应请求包，用于发现PMTU[⊖]，以后所有的响应包的优先权子字段都将被置为0。

2）用MBZ子字段进行指纹探测。RFC 1349规定“MBZ”位不能被使用，且必须为0，路由器和主机将忽略这一位。若收到“MBZ”位被置为1的ICMP回应请求报文，大多数操作系统的回应应答报文中“MBZ”位仍然为1，而Windows 2000和Ultrix则将“MBZ”位置为0。

3）用TOS子字段进行指纹探测。RFC 1349中定义了ICMP报文中TOS域的用法，TOS在ICMP差错报文、ICMP请求报文和ICMP回应报文中的用法都有所区别，具体规则为：ICMP差错报文中的TOS默认值为0x00，ICMP请求报文中的TOS可取任意值，ICMP回应报文中的TOS值同ICMP请求报文的TOS，但是Windows 2000、Ultrix和Novell Netware并未遵守此规则，而是在ICMP回应报文中把TOS置为0，据此就可以区分几种操作系统。

（4）ICMP差错报文指纹探测技术

当发送一份ICMP差错报文时，报文数据区包含出错数据报IP首部及产生ICMP差错报文的IP数据报的前8个字节，这样接收ICMP差错报文的模块就会把它与某个特定的协议和用户进程联系起来。几乎所有操作系统在实现ICMP出错报文时，都只送回IP请求头外加8字节，Solaris送回的稍多，而Linux更多。另外，某些操作系统在这一过程中可能会改变所引用的出错数据包的原IP报头。

3.4 社会工程学

随着网络安全技术的发展，攻击者利用技术弱点进行信息安全攻击已经越来越困难，所以攻击者开始转向利用人的弱点，运用不需要付出很大代价的社会工程学进行攻击以达到目的，近年来社会工程学攻击已成迅速上升甚至滥用的趋势。传统的信息安全无论在技术方面，还是在管理方面，均是围绕不断发展的物质技术因素和外在行为因素，但却忽视了处于信息安全核心地位的人的内在心理因素。所以当

⊖ 路径最大传输单元（Path Maximum Transmission Unit，PMTU）。——编辑注

精心打造的安全防线遇到社会工程学攻击时，也会变成“马其诺防线”，被攻击者轻松绕开，现在社会工程学攻击已成为未来十年内信息安全的最大隐患。

下面介绍社会工程学攻击的基本知识、常用信息收集手段、社会工程学攻击造成的威胁。

3.4.1 社会工程学攻击概述

“社会工程学”一词是黑客凯文·米特尼克悔改后在《欺骗的艺术》一书中所提出的，是一种针对受害者心理弱点、本能反应、好奇心、信任、贪婪等心理缺陷进行的诸如欺骗、伤害等危害手段。在信息安全这个链条中，人的因素是最薄弱的一环节，社会工程学就是利用人的薄弱点，通过欺骗手段而入侵计算机系统的一种攻击方法。组织机构虽然采取了周全的技术安全控制措施，例如，身份鉴别系统、防火墙、入侵检测、加密系统等，但由于员工无意当中通过电话或电子邮件泄露机密信息（如系统口令、IP 地址），或被非法人员欺骗而泄露了组织的机密信息，就可能对组织的信息安全造成严重损害。社会工程学通常以交谈、欺骗、假冒或口语等方式，从合法用户处套取用户系统的秘密。熟练的社会工程师都是擅长进行信息收集的身体力行者。很多表面上看起来一点用都没有的信息却会被这些人利用进行渗透。比如说一个电话号码，一个人的名字，或者工作的 ID 号码，都可能会被社会工程师所利用。

3.4.2 社会工程学的信息收集手段

在社会工程学攻击模型中，信息搜集是实施有效攻击的前提，通过搜集信息可以缩小攻击范围，提高攻击的效率及成功率。常见的信息收集手段有以下几种。

（1）搜索引擎

搜索引擎在帮助大众快速检索真实信息的同时，也成为个人信息泄露的重要出口。真实姓名、个人电话、住址、电话、个人爱好、常用账号 ID 等私密信息，都有可能通过搜索引擎被查找到。社交媒体、个人主页中一般都有个人信息，甚至很多生活细节。这些信息中的大部分内容都是真实的，这也就为社会工程学攻击者进行冒充和伪装提供了极大的便利。

（2）个人信息泄露

身份证号、家庭住址、手机号码、电子邮件等个人敏感信息，本来是个人隐私，应当予以保护，但是在某些掌握客户资料的企业或管理机构的管理下，个人信息的保护措施形同虚设，更有甚者，无视职业道德和社会伦理，把客户的个人信息变成牟利的工具，出售客户资料造成个人信息的泄露。

（3）网络攻击

网络攻击者利用网络钓鱼或者特定的木马、病毒等恶意软件搜集相关敏感信息，特别是密码信息。根据心理学研究，成年人的密码记忆个数一般为 3 至 5 个，为了记忆方便，人们通常使用姓名、生日、电话等相关信息作为密码，而且还有可能会把多处的密码都设置成一样的。正是因为这个普遍的心理特点，受害者往往会出现一个密码泄露，造成全部密码丢失的后果，攻击者因而就获得多种账号的使用权，甚至可能直接就进入系统内部。

（4）诈骗电话

攻击者可以通过伪造电话号码，冒充技术人员或重要人物，打电话从其他用户那里获得他所需要的资料，也可以打电话给网络管理员骗取重要信息，或是伪装成机构内部人员，打电话欺骗公司的管理员获得所需的信息。

（5）上门访问

当攻击者无法通过以上手段获取相关信息时，攻击者会亲自上门冒充为顾客咨询而获取攻击目标的详细情况，或者冒充计算机应用系统的维护人员进入攻击目标的主机，趁工作人员不备安装后门或者木马软件，甚至可以简单地观察其他管理员输入密码并在偷偷记住之后从容地离开。

3.4.3 社会工程学攻击的威胁

（1）信息泄露威胁

通过网络搜索引擎、通用在线查询系统、Web 2.0 信息聚合索引等网络应用，可以深入挖掘受害者在互联网上隐藏的个人信息，例如个人详细资料、手机号码、照片、爱好习惯、信用卡资料、网络论坛资料、社交网络资料，甚至个人身份证的扫描件等。通过高超的信息搜集技术，社会工程学攻击者可通过网络痕迹资料分析出受害者的脆弱点，并实施入侵渗透、账户窃取、网络敲诈、精神伤害等威胁。以账户窃取为例，2009 年 1 月美国最大的微型博客网站 twitter 遭到攻击者入侵，其中前总统奥巴马、歌手布兰妮、CNN 电视台等名流与知名媒体的 twitter 账号都遭到篡改，事情起因于 GMZ 黑客利用收集的社会工程学密码字典破解了 twitter 客户支持人员的密码。

（2）身份盗用威胁

通常，网络 ID 账号、电子邮箱、社交媒体账户等都会具有与本人身份证相似的认可度，一旦攻击者冒充受害者，发布非法、恶意、诈骗类消息，受害者的亲人与朋友会不加怀疑地相信其消息的真实性。例如，在汶川大地震发生后，便有网络犯罪分子非法篡改红十字会公布的赈灾募捐银行账号，企图吞噬善款。典型的事件还包括手机身份盗用威胁，即犯罪分子收集高校学生的家长联系号码，并以学生的同学身份向家长们批量群发虚假消息，谎称其子女在外遇险需要向其信用卡打入资金，犯罪分子屡屡得手。

（3）钓鱼网站威胁

网络钓鱼攻击（Phishing）常年在 McAfee 发布的十大安全威胁名单中位居前列，攻击者通过伪造假冒的银行站点窃取受害者在线交易的账户密码，其钓鱼技术还会利用 DNS、HTTPS、HOSTS、BHO、XSS、SEO 等手段强行劫持用户浏览器，这使得受害者根本不知晓自己进入了假冒的银行网站站点，同时钓鱼攻击也适用于隐私窃取、垃圾邮件攻击。近年来，国内钓鱼攻击日趋严重，如，冒充腾讯 QQ 网站以及在线银行、在线交易的伪冒站点众多。

（4）暴力破解威胁

暴力破解不等同于单纯的穷举破解密码，攻击者在对受害者的网络习惯以及大量综合信息进行分析的前提下，枚举受害者可能使用的密码保护答案，其最终密码的暴力破解采取受害者的出生日期、手机号码、门牌号码、有意义的数字与字母拼合而成。例如，大部分网民习惯使用数字和英文单词作为账户密码，使用频率极高的密码有“123456”“ password”“iloveyou” 等。近年来，某些机构的站点遭到不同程度的入侵，其原因就是因为使用了过于简单的密码，如“admin”。

习题

（1）简述 4 种主流的信息踩点方法。

（2）解释开放扫描、半开放扫描与秘密扫描的区别。

（3）给出判断操作系统是否是 Windows 系统的方法和原理。

（4）社会工程学攻击的特点是什么？

第4章　安全漏洞检测机理及技术

网络安全漏洞检测是信息安全检测与评估的重要部分之一，也是目前网络安全技术研究的热点。安全漏洞检测主要研究通过多种漏洞检测手段对计算机和网络设备进行安全测试，发现系统的安全隐患或者可能被利用的缺陷，在其被利用之前发现漏洞并修复。对于网络的管理者来说，利用网络安全漏洞检测技术对网络进行有效的管理是非常有必要的。网络安全漏洞检测技术能够协助网络管理者对网络中存在的薄弱环节进行检测，从而保证自身网络的安全性和可靠性。

本章介绍安全漏洞的基本概念、安全漏洞类型、漏洞检测技术以及主流的漏洞扫描方法。

4.1　基本概念

4.1.1　安全漏洞的定义

漏洞影响的主体是信息系统，它会在系统生命周期内的各个阶段被引入进来，比如在设计阶段引入非常容易被破解的加密算法，在实现阶段引入代码缓冲区溢出问题，在运行维护阶段存在的错误安全配置等，这些都有可能最终成为漏洞，影响到信息安全的机密性、完整性和可用性，使得非法用户可以利用这些漏洞获得某些系统权限，进而对系统执行非法操作，导致安全事件的发生。但是，迄今为止还缺乏一个完整的漏洞定义，学术界和工业界各有各的解释，研究者、厂商和用户对漏洞的认识也并不一致。下面结合漏洞影响的主体及生存周期给出漏洞的定义。

安全漏洞：指信息系统在生命周期的设计（硬件、软件、协议）、具体实现、运维（安全策略配置）等各个阶段产生的缺陷和不足，这些问题会对系统的安全（机密性、完整性、可用性）产生影响。安全漏洞是相对系统安全而言的，从广义的角度来看，一切可能导致系统安全性受影响或破坏的因素都可以视为安全漏洞。

目前的操作系统（例如 Windows、Linux 等）和应用系统都不可避免地存在安全漏洞，这些安全漏洞有可能会导致重大安全隐患。但是从实际应用来看，系统的安全程度与系统的安全配置及系统的应用方面均有很大关系，操作系统如果没有采用正确的安全配置则会漏洞百出，系统很容易被入侵。如果进行安全配置（比如填补安全漏洞、关闭一些不常用的服务、禁止开放一些不常用的端口等），那么入侵者要成功进入内部网的难度将会增加。

4.1.2　安全漏洞与 bug 的关系

安全漏洞并不等同于 bug，二者之间的关系为：大部分的 bug 影响功能性，并不涉及安全性，也就不会构成漏洞；大部分的漏洞来源于 bug，但并不是全部的漏洞都来源于 bug。二者之间存在一个很大的交集，关系如图 4-1 所示。

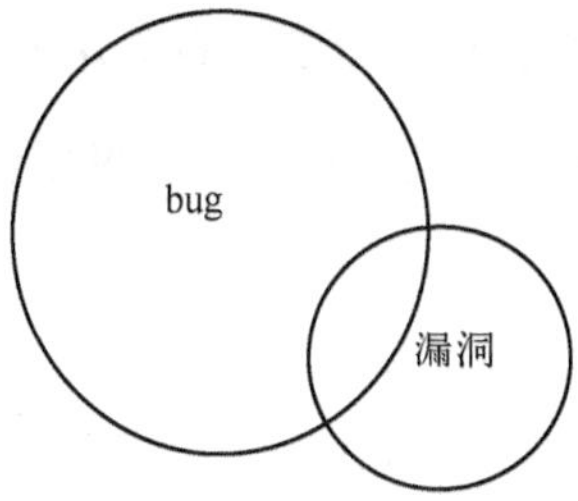

图 4-1　安全漏洞与 bug 的关系

4.2　常见漏洞类型

安全漏洞和其他事物一样，也具有多方面的属性，本节将从多个技术维度对其进行分类。

4.2.1 基于利用位置的分类

（1）本地漏洞

指需要通过操作系统级的有效账号才能登录到本地利用的漏洞，其主要构成为权限提升类漏洞，即把自身的执行权限从普通用户级别提升到管理员级别。

实例：Linux Kernel 2.6 udev Netlink 消息验证本地权限提升漏洞（CVE-2009-1185⊖）

攻击者需要以普通用户登录到系统上，利用漏洞把自己的权限提升为 root 用户，从而获取对系统的完全控制。

（2）远程漏洞

指不需要系统级的账号验证即可通过网络访问目标进行利用的漏洞，这里强调的是系统级账号，如果漏洞满足诸如 FTP 用户这样的应用级账号要求也算是远程漏洞。

实例：Microsoft Windows DCOM RPC 接口长主机名远程缓冲区溢出漏洞（MS03-026）（CVE-2003-0352）

攻击者通过远程访问目标服务器的 RPC 服务端口，不需要用户验证就能利用漏洞，从而以系统权限执行任意指令，实现对系统的完全控制。

4.2.2 基于威胁类型的分类

（1）获取控制

可以导致劫持程序的执行流程转向执行攻击者指定的任意指令或命令，从而控制应用系统或操作系统。获取控制的威胁最大，同时影响系统的机密性、完整性，甚至在需要的时候可以影响系统可用性。主要来源有内存破坏类和 CGI 类漏洞。

（2）获取信息

可以导致劫持程序访问预期外的资源并泄露给攻击者，影响系统的机密性。主要来源有输入验证类和配置错误类漏洞。

⊖ 关于通用漏洞与纰漏（CVE）将在本书 7.4.1 节详细介绍。——编辑注

（3）拒绝服务

可以导致目标应用或系统暂时或永远性地失去响应正常服务的能力，影响系统的可用性。主要来源有内存破坏类和意外错误处理类漏洞。

4.2.3 基于成因技术的分类

（1）内存破坏类

此类漏洞的共同特征，即都是由于某种形式的非预期的内存越界访问（读、写或兼而有之）而导致。在可控程度较好的情况下，可执行攻击者指定的任意指令；而在其他的大多数情况下，则会导致拒绝服务或信息泄露。内存破坏类漏洞可以分为下面这些子类型。

1）栈缓冲区溢出。

2）堆缓冲区溢出。

3）静态数据区溢出。

4）格式串问题。

5）越界内存访问。

6）释放后重用。

7）二次释放。

（2）逻辑错误类

此类漏洞涉及安全检查的实现逻辑上存在的问题，导致设计好的安全机制被绕过。

实例：Real VNC 4.1.1 验证绕过漏洞（CVE-2006-2369）

该漏洞允许客户端指定服务端并不声明支持的验证类型，从而验证服务端的交互代码存在逻辑问题。图 4-2 给出远程控制软件 Real VNC（WinVNC）的 RFB 协议初始验证过程，图 4-3 给出 Real VNC 4.1.1 验证绕过漏洞的利用交互过程，服务器端支持代表 DES 挑战响应方式的“02”，但客户端发出的回应却是“01”，这个回应并不在列表中，不需要验证，客户端就是这样绕过了服务器端支持的验证方式，达到成功验证的目的。

（3）输入验证类

输入验证类漏洞是由于对来自用户的输入没有做充分的检查和过滤就将其用于

```
RealVNC的RFB(Remote Frame Buffer)协议初始验证过程

1) 服务端发送其版本"RFB 003.008\n"
2) 客户端回复其版本"RFB 003.008\n"
3) 服务端发送1个字节，指示所提供安全类型的数量
   3a) 服务端发送字节数组提供安全类型的列表
4) 客户端回复1个字节，从3a的数组中选择一个安全类型
5) 如果需要的话，执行握手操作，然后服务端返回"0000"
```

图 4-2 RealVNC 的 RFB 协议初始验证过程

```
漏洞利用交互过程

Server -> Client: 52 46 42 20 30 30 33 2e 30 30 38 0a <- 服务端版本
Client -> Server: 52 46 42 20 30 30 33 2e 30 30 38 0a <- 客户端版本
Server -> Client: 01 02  <- 提供一种验证方式，02代表DES挑战响应方式
Client -> Server: 01              <- 回应并不在列表中，无需验证方式
Server -> Client: 00 00 00 00                               <- 验证成功
```

图 4-3 Real VNC 4.1.1 验证绕过漏洞的利用交互过程

后续操作而导致的安全漏洞，绝大部分的 CGI[⊖]漏洞属于此类。所能导致的后果且威胁较大的有以下 5 种：

1）SQL 注入。

2）跨站脚本执行（XSS）。

3）远程或本地文件包含。

4）命令注入。

5）目录遍历。

（4）设计错误类

设计错误类漏洞是由于系统设计上对安全机制的考虑不足而导致的安全漏洞，比如 LM Hash 算法脆弱性。图 4-4 给出 LM Hash 算法的生成过程，这个算法至少存在以下三方面的弱点：

1）口令转换为大写，极大地缩小了密钥空间。

2）切分出的两组数据分别是独立加密的，而在对它们进行暴力破解时可以完全独立并行。

⊖ 公用网关接口（Common Gateway Interface，CGI）。

```
LM Hash生成过程，假设要加密的明文口令为"Welcome"：

1. 全部转换成大写"WELCOME"，再转为二进制串：
   "WELCOME" -> 57454C434F4D450000000000000000
   如果明文口令不足14字节，则需要在其后添加0x00补足14字节。

2. 切割成两组7字节的数据，分别经str_to_key()函数处理得到两组8字节的Key：
   57454C434F4D45 -str_to_key()-> 56A25288347A348A
   00000000000000 -str_to_key()-> 0000000000000000

3. 用这两组Key作为DESKEY对字符串"KGS!@#$%"进行标准DES加密
   "KGS!@#$%" -> 4B47532140232425
   56A25288347A348A -对4B47532140232425进行标准DES加密-> C23413A8A1E7665F
   0000000000000000 -对4B47532140232425进行标准DES加密-> AAD3B435B51404EE
   将加密后的这两组数据简单拼接，就得到了最后的LM Hash
   LM Hash: C23413A8A1E7665FAAD3B435B51404EE
```

图 4-4　LM Hash 算法的生成过程

3）不足 7 字节的口令在加密后所得到结果的后半部分都是一样的固定串，由此很容易判定口令长度。

这些算法上的弱点导致攻击者在得到口令 Hash 后，可以非常容易地暴力破解出等价的明文口令。

（5）配置错误类

此类漏洞来源于系统运维过程中默认不安全的配置状态，大多涉及访问验证。图 4-5 给出 JBoss 企业应用平台非授权访问漏洞（CVE-2010-0738）实例，对控制台访问接口的访问控制默认配置只禁止了 HTTP 的两个主要请求方法 GET 和 POST，事实上 HTTP 还支持其他的访问方法，比如 HEAD，虽然无法得到请求返回的结果，但是提交的命令还是可以正常执行的。

```
JBoss的JMX控制台安全配置文件 server/default/deploy/jmx-console.war/WEB-INF/web.xml
包含了如下的默认配置：
------------------------------ 8< ------------------------------
   <!-- A security constraint that restricts access to the HTML JMX console
   to users with the role JBossAdmin. Edit the roles to what you want and
   uncomment the WEB-INF/jboss-web.xml/security-domain element to enable
   secured access to the HTML JMX console.
   <security-constraint>
     <web-resource-collection>
       <web-resource-name>HtmlAdaptor</web-resource-name>
       <description>An example security config that only allows users with the
         role JBossAdmin to access the HTML JMX console web application
       </description>
       <url-pattern>/*</url-pattern>
       <http-method>GET</http-method>
       <http-method>POST</http-method>
     </web-resource-collection>
     <auth-constraint>
       <role-name>JBossAdmin</role-name>
     </auth-constraint>
   </security-constraint>
   -->
------------------------------ 8< ------------------------------
```

图 4-5　JBoss 企业应用平台非授权访问漏洞（CVE-2010-0738）

4.2.4 基于协议层次的分类

TCP/IP 在其制定过程中存在一些漏洞，攻击者利用这些漏洞进行攻击会致使系统宕机、挂起或崩溃。OSI 七层结构的常见漏洞如图 4-6 所示。

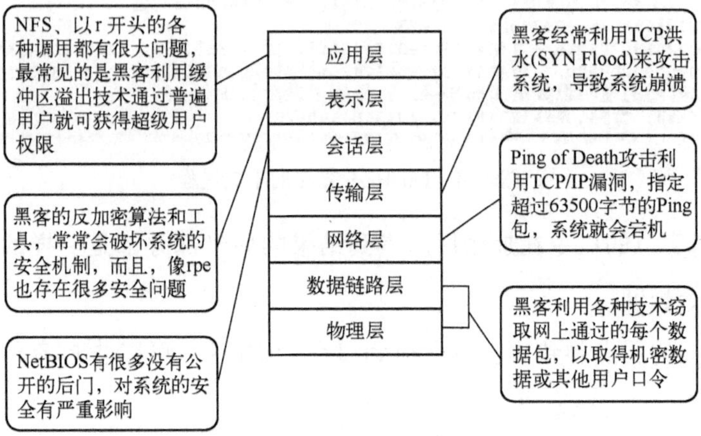

图 4-6　OSI 七层结构的常见漏洞

在物理层和数据链路层，黑客利用各种技术窃取网上通过的每个数据包，以取得机密数据或其他用户口令；在网络层，IP 数据包实现分段重新组装的进程中存在漏洞，缺乏必要的检查，比如典型的 Ping of Death 攻击利用 TCP/IP 漏洞，指定超过 63500 字节的 Ping 包，系统就会宕机；在传输层，黑客常常利用 TCP 洪水（SYN Flood）攻击系统，导致系统崩溃；在会话层，局域网内实现信息共享的 NetBIOS 协议有很多没有公开的后门；在表示层，黑客的反加密算法和工具常常会破坏系统的安全机制。在应用层，NFS、以 r 开头的各种调用都有很大安全问题，最常见的是黑客利用缓冲区溢出技术通过普通用户就可获得超级用户权限。

4.3　漏洞检测技术

网络安全漏洞检测技术主要采用模拟攻击式、主动查询式等各种方法，对目标可能存在的已知安全漏洞进行逐项检测。这里，检测目标可以是操作系统、工作站、服务器、交换机、数据库系统、应用服务（比如 Web、FTP、SMTP、DNS）、用户口令等。网络安全漏洞检测技术起源于国外，最早出现且产生重大影响的是 1995 年发布的 SATAN，其专门用于扫描远程 UNIX 系统的许多已知漏洞，包括 FTPD 脆弱性和可写的 FTP 目录、NFS 脆弱性、NIS 脆弱性、RSH 脆弱性、Sendmail 脆弱性等。ISS 公司推出 Internet Scanner 和 Database Scanner，其中 Internet Scanner 用于网络服务、网络设备及口令等方面的检测，Database Scanner 则用于对数据库存在的各种漏洞进行检测。

任何对系统安全（机密性、完整性、可用性）产生影响的因素均可以视为安全漏洞，主机存活信息探测、端口信息获取、漏洞扫描均可以视为广义的漏洞检测技术。

4.3.1 主机存活探测

主机存活探测技术主要用于判断目标网络上的可达主机，是信息收集的初级阶段。只有确定主机正常运行，才能够继续进行后续的各种扫描功能。主机存活扫描的原理就是利用互联网控制报文协议（Internet Control Messages Protocol，ICMP）的特性，即针对网络层的错误诊断、拥塞控制、路径控制和查询服务四项功能特性，分析主机或路由器差错情况和有关异常情况的报告，判断主机是否存活。一般来说，ICMP 报文提供针对网络层的错误诊断、拥塞控制、路径控制和查询服务四项功能。利用率较高的 ICMP 报文就是 ICMP 响应请求和应答，一台主机向某个节点发送 ICMP 响应请求报文，如果途中没有异常（例如，被路由器丢弃、目标不回应 ICMP 或传输失败），则目标返回 ICMP 应答报文，说明这台主机存活。此外，Tracert 命令通过计算 ICMP 报文通过的节点，可以确定主机与目标之间的网络距离。

常用的主机存活扫描手段有 ICMP Echo 扫描、ICMP Sweep 扫描、Broadcast ICMP 扫描，具体介绍如下。

（1）ICMP Echo 扫描

通过简单地向目标主机发送 ICMP Echo Request 数据包，并等待回复的 ICMP Echo Reply 包（如 Ping），精度相对较高。

（2）ICMP Sweep 扫描

ICMP 进行扫射式的扫描，也就是并发性扫描，使用 ICMP Echo Request 一次探测多个目标主机。通常，这种探测包会并行发送，以提高探测效率，因此适用于大范围的评估。

（3）Broadcast ICMP 扫描（广播型 ICMP 扫描）

利用了一些主机在 ICMP 实现上的差异，设置 ICMP 请求包的目标地址为广播地址或网络地址，则可以探测广播域或整个网络范围内的主机，子网内所有存活主机都会给予回应。但这种情况只适合于 UNIX 或 Linux 系统。

4.3.2 端口信息获取

端口扫描是获取主机信息的重要办法之一，搜集目标系统的相关信息，如各种端口的分配、提供的服务、软件的版本、系统的配置、匿名用户是否可以登录等，可以推测主机运行的操作系统、服务，掌握一个局域网的构造，从而发现目标系统潜在的安全漏洞。

端口扫描的基本原理是利用操作系统提供的 connect( )系统调用，与每一个目标主机的端口进行连接。如果端口处于侦听状态，那么 connect( )就能成功。否则，这个端口不能用，即没有提供服务。这种技术的一个最大的优点是不需要任何权限，系统中的任何用户都有权利使用这个调用。常用的端口扫描手段如下。

（1）TCP connect 扫描

这种类型也称为开放扫描，它是最传统的扫描技术，程序调用 connect( )将套接口函数连接到目标端口，形成完整的 TCP 三次握手过程，能够成功建立连接的目标端口就是开放的。在 UNIX 下使用这种扫描方式不需要任何权限，而且它的扫描速度非常快，可以同时使用多个套接口进行连接来加快扫描速度。不过由于它不存在隐蔽性，所以不可避免地要被目标主机记录下连接信息和错误信息或者被防护系统拒绝。

（2）TCP SYN 扫描

这种类型也称为半开放式扫描（half-open scanning），原理是往目标端口发送一个 SYN 分组，若得到来自目标端口返回的 SYN/ACK 响应包，则目标端口开放，若得到 RST 响应，则目标端口未开放。在 UNIX 下执行这种扫描必须拥有 root 权限。由于它并未建立完整的 TCP 三次握手过程，很少会有操作系统记录到，因此比 TCP connect 扫描隐蔽得多。

（3）TCP FIN 扫描

根据 RFC 793 文档，程序向一个目标端口发送 FIN 分组，若此端口开放，则此包将被忽略，否则将返回 RST 分组。这是某些操作系统 TCP 实现存在的缺陷，并不是所有的操作系统都存在这个缺陷，所以它的准确率不高，而且此方法往往只能在 UNIX 上成功工作，因此这种方法不算特别流行，不过它的好处在于足够隐蔽。

（4）TCP Reverse-ident 扫描

根据 RFC 1413 文档，ident 协议是一种确认用户连接到自己的协议，允许通过 TCP 连接得到进程所有者的用户名，即使该进程不是连接发起方。此方法可用于得到 FTP 所有者信息，以及其他需要的信息，等等。

（5）TCP Xmas Tree 扫描

根据 RFC 793 文档，程序往目标端口发送一个 FIN、URG 和 PSH 分组，若其关闭，应该返回一个 RST 分组。

（6）TCP NULL 扫描

根据 RFC 793 文档，程序往目标端口发送一个没有任何标志位的 TCP 包，如果目标端口是关闭的，将返回一个 RST 数据包。

（7）TCP ACK 扫描

这种扫描技术往往用来探测防火墙的类型，根据 ACK 位的设置情况可以确定该防火墙是简单的包过滤还是状态检测机制的防火墙。

（8）TCP 窗口扫描

由于 TCP 窗口大小报告方式不规则，这种扫描方法可以检测一些类 UNIX 系统（AIX、FreeBSD 等）打开的端口以及是否过滤的端口。

（9）TCP RPC 扫描

UNIX 系统特有的扫描方式，可以用于检测和定位远程过程调用（Remote Procedure Call，RPC）端口及其相关信息。

（10）UDP ICMP 端口不可达扫描

此方法利用 UDP 本身是无连接的协议，所以一个打开的 UDP 端口不会返回任何响应包。不过如果目标端口关闭，某些系统将返回 ICMP PORT UNREACH 信息。但是由于 UDP 是不可靠的非面向连接协议，所以这种扫描方法也容易出错，而且还比较慢。

(11) UDP recvfrom()和 write()扫描

由于 UNIX 下的非 root 用户无法读到端口不可达信息，所以著名的网络扫描工具 NMAP 提供了这种仅在 Linux 下才有效的方式。在 Linux 下，若一个 UDP 端口关闭，则第二次 write()操作会失败。并且，当调用 recvfrom()的时候，若未收到 ICMP 错误信息，一个非阻塞的 UDP 套接字一般返回 EAGAIN("Try Again",error = 13)，若收到 ICMP 的错误信息，则套接字会返回 ECONNREFUSED("Connection refused",error = 111)。通过这种方式，NMAP 将得知目标端口是否打开。

(12) 分片扫描

这是其他扫描方式的变形体，可以在发送一个扫描数据包时，通过将 TCP 包头分为几段，放入不同的 IP 包中，使得一些包过滤程序难以对其进行过滤，因此这个办法能绕过一些包过滤程序。

(13) FTP 跳转扫描

根据 RFC 959 文档，FTP 协议支持代理（Proxy），可以连上提供 FTP 服务的服务器 A，然后让 A 向目标主机 B 发送数据。若需要扫描 B 的端口，可以使用 PORT 命令，声明 B 的某个端口是开放的。若此端口确实开放，FTP 服务器 A 将返回 150 和 226 信息，否则返回错误信息："425 Can't build data connection: Connection refused"。这种方式的隐蔽性很不错，在某些条件下也可以突破防火墙进行信息采集，缺点是速度比较慢。

4.3.3 漏洞扫描

漏洞扫描为管理员自动检查安全问题、了解系统的安全隐患提供了便利，单纯依靠用户手动排查系统存在的漏洞不仅费时费力，同时要求用户有相当多的安全知识。因此，漏洞评估类软件逐渐开始普及，与防火墙、入侵检测技术并列为计算机安全的主流产品，成为安全检测与风险评估工作必不可少的工具。漏洞的发现不仅仅局限于常见的操作系统，还要不断地向新的应用领域扩展，包括移动应用、工业控制系统、物联网、云平台等。

根据漏洞检测原理，目前的漏洞扫描产品主要有主动模拟攻击式漏洞扫描、主动查询式漏洞扫描和被动监听式漏洞扫描三大类。

1. 主动模拟攻击式漏洞扫描

属于主流的漏洞扫描方式，是网络管理员查找和分析安全问题的首选工具，其采用主动探测技术依次执行网络信息收集、攻击测试和生成评估报告这三个步骤，以完成信息系统的漏洞评估，实现信息系统安全问题根源的自动识别。但是，主动探测型漏洞评估系统涉及具有一定破坏性的模拟攻击测试，容易造成评估目标运行的不稳定，大量端口扫描、漏洞测试可能会影响路由器、交换机等网络设备的正常工作。市场上涌现的漏洞评估产品大多为主动模拟攻击式，著名的产品有 ISS 的 Internet Scanner、CyberCop 的 ASaP、Nessus，以及天镜分布式漏洞扫描与安全评估系统等。

2. 主动查询式漏洞扫描

基于检测目标的系统配置信息，包括操作系统、服务配置、应用软件、补丁、升级等，根据漏洞存在所需要的系统条件，执行逻辑判断进而识别系统漏洞。比较典型的工作就是 Mitre 公司组织开发的开放漏洞评估语言（OVAL，Open Vulnerability Assessment Language），而且为不同操作系统开发了相应的检测原型。该方法不会额外增加网络负担，不需要发送恶意的网络数据包，对被检测系统的网络性能“零”影响，适合于管理员评估分析所管辖网络的安全状况（4.5 节会详细介绍）。

3. 被动监听式漏洞扫描

在数据包层监测网络流量，分析数据报文的特征字符串，以确定系统的拓扑、服务和漏洞。其工作原理和网络入侵检测系统（NIDS）比较相似，不同的是它根据数据包来检测漏洞，如果被测试主机没有进行网络通信，哪怕有许多漏洞也无法被检测出来。但在某些情况下（如政策原因），对主机进行扫描是不被允许的，而且网络是瞬息万变的，可能扫描完不久就会产生新的漏洞。因此，在主动扫描不能使用时，被动式监听漏洞扫描是一种很好的弥补。典型的产品有被动式漏洞扫描系统 NEVO、GourdScan、Hunter 等。

4.4 主动模拟攻击式漏洞扫描

4.4.1 原理

主动模拟攻击式漏洞扫描也叫主动探测式漏洞扫描，通过远程检测目标主机 TCP/IP 不同端口的服务，记录目标主机给予的回答，以了解目标主机的各种信息。进一步，依据所获得的响应数据包的相关信息，与网络漏洞扫描系统的漏洞库进行匹配，如果满足匹配条件则视为漏洞存在。同时，也借助模拟黑客的进攻手法，对目标主机系统进行攻击性的安全漏洞扫描，如测试弱口令等，如果模拟攻击成功，则视为漏洞存在。

4.4.2 系统组成

网络漏洞扫描系统一般由扫描引擎、用户配置控制台、扫描知识库、漏洞数据库、结果存储器和报告生成工具组成，系统结构如图 4-7 所示。

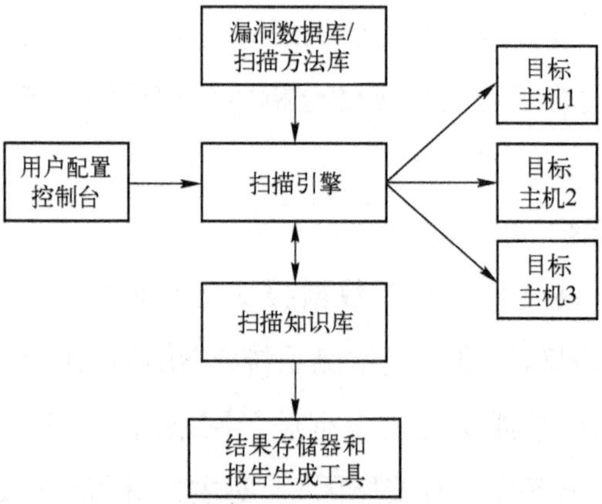

图 4-7　网络漏洞扫描系统的总体结构图

(1) 扫描引擎

扫描引擎是扫描器的主要部件。如果采用匹配检测方法，则扫描引擎会根据用户的配置组装好相应的数据包并发送到目标系统，目标系统进行应答，再将应答数据包与漏洞数据库中的漏洞特征进行比较，以此来判断所选择的漏洞是否存在。如果采用的是插件技术，则扫描引擎会根据用户的配置调用扫描方法库里的模拟攻击代码对目标主机系统进行攻击，若攻击成功，则表明主机系统存在安全漏洞。

（2）用户配置控制台

用户配置控制台通常是客户端或者浏览器，是用户与软件的交互窗口，用来设置要扫描的目标系统，以及要扫描哪些漏洞。

（3）扫描知识库

扫描知识库用于监控当前活动的扫描，将要扫描的漏洞的相关信息提供给扫描引擎，同时还接收扫描引擎返回的扫描结果。

（4）结果存储器和报告生成工具

根据扫描知识库中的扫描结果生成扫描报告，并存储。

（5）漏洞数据库/扫描方法库

漏洞数据库包含不同操作系统的各种漏洞信息，以及如何检测漏洞的指令。网络系统漏洞数据库是根据安全专家对网络系统安全漏洞、黑客攻击案例的分析以及系统管理员对网络系统安全配置的实际经验总结而成的。扫描方法库则包含了针对各种漏洞的模拟攻击方法，具体使用哪一种数据库要视采用哪一种漏洞检测技术来定。若采用匹配检测法，则使用漏洞数据库；若使用模拟攻击方法（即插件技术），则使用扫描方法库。

首先，管理员通过用户配置控制台模块向扫描引擎发出扫描命令，扫描引擎在接到请求之后会启动相应的子功能模块。若扫描方法采用的是匹配检测法，则对被扫描主机进行扫描，利用漏洞数据库分析并判断被扫描主机返回的信息；若采用的是模拟攻击法，则在扫描方法库中调用模拟攻击代码，并扫描目标主机。最后，利用当前活动扫描知识库中存储的扫描结果生成扫描报告，再由用户配置控制台模块最终呈现给用户。

4.4.3 常用模拟攻击方法

安全漏洞扫描系统通过基本的扫描方法获得目标系统的信息后，就可以开始对目标系统实施模拟攻击，逐项检查系统的安全漏洞。常用的模拟攻击方法有：IP 欺骗、缓冲区溢出、拒绝服务攻击（DoS）、分布式拒绝服务攻击（DDoS）和口令攻击等。下面对这些模拟攻击方法进行详细描述。

(1) IP 欺骗

IP 欺骗技术就是伪造某台主机的 IP 地址的技术。通过对 IP 地址的伪装，使得某台主机能够伪装成另外的一台主机，而这台主机往往具有某种特权或者被另外的主机所信任。由于路由器的不正确配置，如果包指示 IP 源地址来自内部网络，就可以使路由器允许那些经过伪装的 IP 包穿过防火墙。

(2) 缓冲区溢出

缓冲区溢出（Buffer Overflow）是一种非常普遍和严重的安全漏洞，在各种操作系统以及应用程序中广泛存在。它的原理是向一个有限空间的缓冲区复制超长的字符串，而程序自身却没有进行有效的检验，从而导致程序运行失败，系统重新启动，甚至停机。因此，缓冲区溢出这种程序设计上的缺陷便成为黑客进行系统攻击的一种手段，他们有意识地往程序的缓冲区写超出其长度的内容，破坏程序的堆栈，从而使程序转而执行其他指令，以达到攻击的目的。

造成缓冲区溢出的根本原因是程序中没有仔细检查用户或程序接口的输入参数。例如，下面一段 C 程序：

```
void function(char *str){
char buffer[16];
strcpy(buffer,str);
}
```

其中，strcpy()将直接把 str 中的内容复制到 buffer 中。这样，只要 str 的长度大于 16，就会造成 buffer 溢出，从而使程序运行时出错。

当然，随意往缓冲区中填写东西造成其溢出一般只会出现 Segmentation fault（分割失败）错误，而不能达到攻击的目的。最常见的手段是通过制造缓冲区溢出使程序运行一个用户 shell，再通过 shell 执行其他命令。如果该程序属于 root 且有 SUID[⊖] 权限的话，攻击者就获得了一个有 root 权限的 shell，由此便可以对系统进行任意操作了。

(3) 拒绝服务攻击

拒绝服务攻击的英文名称是 Denial of Service，简称 DoS，它是一种很简单但又很

⊖ SUID（setuid）：设置使文件在执行阶段具有文件所有者的权限。——编辑注

有效的进攻方式。这种攻击行动使网站服务器充斥大量要求回复的信息，消耗网络带宽或系统资源，导致网络或系统不堪重负，以至于瘫痪，从而停止提供正常的网络服务。DoS 攻击的原理如图 4-8 所示。

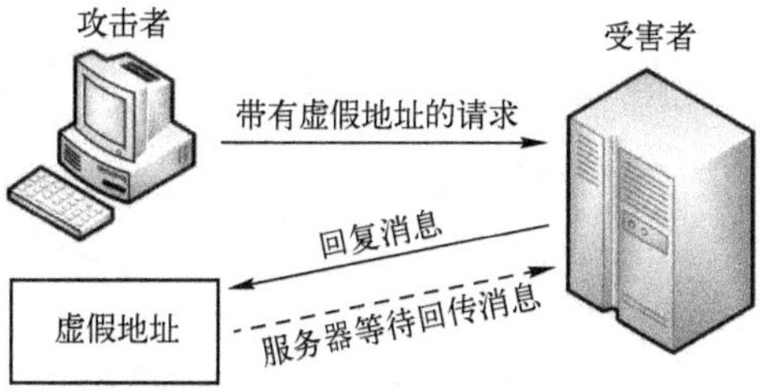

图 4-8 DoS 攻击原理

从图 4-8 中可以看出 DoS 攻击的基本过程：首先，攻击者向服务器发送众多带有虚假地址的请求，服务器发送回复消息后等待回传消息，由于地址是伪造的，所以服务器一直等不到回传的消息，分配给这次请求的资源就始终没有被释放。当服务器等待一定的时间后，连接会因超时而被切断，攻击者会再度传送新的一批请求，这个过程周而复始，最终导致服务器因资源被耗尽而瘫痪。

（4）分布式拒绝服务攻击

分布式拒绝服务攻击的英文名称是 Distributed Denial of Service，简称 DDoS，它是一种基于 DoS 的特殊形式的拒绝服务攻击，是一种分布、协作的大规模攻击方式，主要攻击比较大的站点，如商业公司、搜索引擎和政府部门的站点。DDoS 攻击利用一批受控制的机器同时向一台机器发起攻击，这样来势凶猛的洪水攻击令人难以防备，因此具有较大的破坏性。DDoS 的攻击原理如图 4-9 所示。

从图 4-9 可以看出，DDoS 攻击分为 3 层：攻击者、主控端、代理端。攻击者所用的计算机是攻击主控台，它可以是网络上的任何一台主机，甚至可以是一个活动的便携机。攻击者操纵整个攻击过程，它向主控端发送攻击命令。主控端是攻击者非法侵入并控制的一些主机，这些主机还分别控制了大量的代理主机。主控端主机的上面安装了特定的程序，因此它们可以接受攻击者发来的特殊指令，并且可以把这些命令发送到代理主机上。代理端同样也是由攻击者侵入并控制的一批主机，它们运行攻击程序，接受和运行主控端发来的命令。代理端主机是攻击的执行者，真正向受害者主机发送攻击。攻击者发起 DDoS 攻击的第一步就是寻找 Internet 上存在

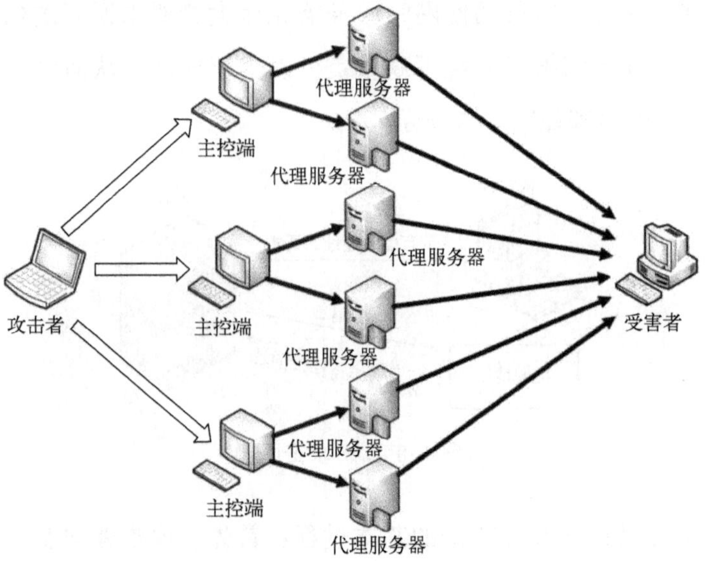

图 4-9　DDoS 攻击原理

安全漏洞的主机，入侵有安全漏洞的主机并获取控制权。第二步在入侵主机上安装攻击程序，其中一部分主机充当攻击的主控端，另一部分主机则充当攻击的代理端。最后，各部分主机各司其职，在攻击者的调遣下对攻击对象发起攻击。由于攻击者在幕后操纵，所以在攻击时不会受到监控系统的跟踪，身份不容易被发现。

（5）口令攻击

黑客攻击目标时常常把破译普通用户的口令作为攻击的开始。先用“finger 远端主机名”找出主机上的用户账号，然后就采用字典穷举法进行攻击。口令攻击针对网络用户常采用一个英语单词或自己的姓名、生日作为口令的漏洞，通过一些程序自动地从计算机字典中取出一个单词，作为用户的口令输入给远端的主机，并申请进入系统。若口令错误，就按序取出下一个单词，进行下一次尝试，并一直循环下去，直到找到正确的口令或字典的单词被试完为止。由于这个破译过程由计算机程序来自动完成，所以几个小时就可以把字典中的所有单词都试一遍。

📖 在安全漏洞扫描系统中，扫描方法和模拟攻击方法是结合起来使用的。一般先使用扫描方法获得目标系统的基本信息，再根据这些基本信息使用相应的模拟攻击方法来深入扫描目标系统中的安全漏洞。

4.5　主动查询式漏洞扫描

4.5.1　原理

利用网络安全组织 Mitre 发布的用于计算机漏洞评估的新标准 OVAL，可以实现基于 OVAL 的新型主动查询式漏洞扫描系统。分布在各个目标的检测代理负责收集系统配置信息（操作系统、服务配置、应用软件等），根据系统特点（安装的操作系统、应用软件及其设置）和配置信息（注册键设置、文件系统属性和配置文件）来查询和识别本地系统上的漏洞、配置问题、补丁安装情况等，为在本地计算机系统执行漏洞评估提供了一种基线方法，是安全专家用来检查系统漏洞技术细节的可靠通用语言。形式化的漏洞评估原理如下。

首先，定义 5 个集合：软件名称集 $FN=\{fn_1,\cdots,fn_n\}$、软件版本集 $AV=\{av_1,\cdots,av_n\}$、软件补丁集 $PS=\{ps_1,\cdots,ps_m\}$、运行服务集 $RS=\{rs_1,.\cdots,rs_v\}$ 和配置设置集 $CS=\{cs_1,\cdots,cs_u\}$，且 5 个集合中的每个元素用原子谓词公式 $exist(x)$ 或其逻辑组合进行表示，所有元素均为三态变量，其值域为 $\{0,1,\varnothing\}$。取值为 $\varnothing$，表示漏洞检测不使用该原子谓词公式；取值为 1 或 0，表示漏洞判断所需的系统谓词分别为“TRUE”或“FALSE”。

然后，定义系统脆弱软件的判别函数：

$$g(fn,av,ps)=\begin{cases}1, & fn\neq 0 \quad \text{and} \quad av\neq 0 \quad \text{and} \quad ps\neq 1,\\ 0, & fn=0 \quad \text{or} \quad av=0 \quad \text{or} \quad ps=1\end{cases} \tag{4-1}$$

其中，$fn\in FN$；$av\in AV$；$ps\in PS$；输出结果表示漏洞寄存的脆弱软件存在与否。

接着，定义系统脆弱配置的判别函数：

$$h(rs,cs)=\begin{cases}1, & rs\neq 0 \quad \text{and} \quad cs\neq 0,\\ 0, & rs=0 \quad \text{or} \quad cs=0\end{cases} \tag{4-2}$$

其中，$rs\in RS$；$cs\in CS$；结果表示与漏洞相关的脆弱配置是否存在。

最后，定义系统脆弱点的判别函数：

$$f(g,h)=g(fn,av,ps)\wedge h(rs,cs) \tag{4-3}$$

其中，$g(fn,av,ps)$和$h(rs,cs)$分别由式（4-1）和式（4-2）得到，输出结果表示系统是否存在此脆弱点，取值为1表示存在，取值为0表示不存在。

图4-10给出Windows操作系统的漏洞检测原理，信息源包括系统注册表、Metabase注册表和系统文件信息，系统状态指安装的软件名及其版本、运行服务及相应配置和补丁信息。针对某一漏洞的检测，首先从信息源中获取安全检测所需的系统状态信息，然后在此基础上进行中间的脆弱软件和脆弱配置的逻辑判断，最后执行逻辑“AND”运算，进行最终的脆弱性判断。

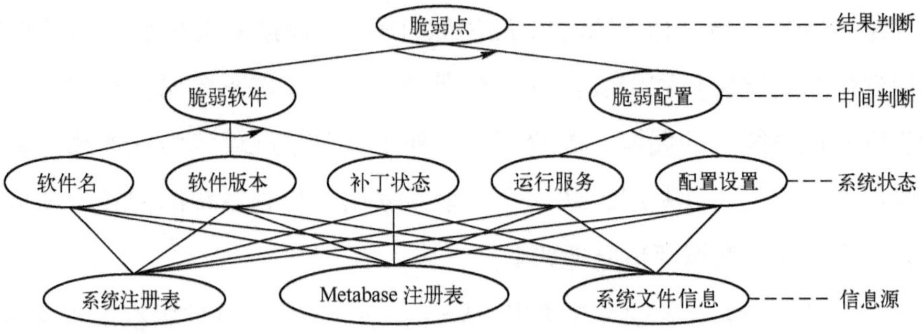

图4-10　Windows操作系统漏洞检测原理

以Windows操作系统上远程数据协议（RDP）纯文本会话校验和不加密漏洞（CAN-2002-0863）为例，其中$fn = exist$(terminal server 5.0)、$ps = exist$(Patch Q324380)$\wedge exist$(SP4)、$cs = \varnothing$、$rs = exist$(RDP service)和$av = exist$(*rdpwd. sys versions* ≤ 5.0.2195.5880)，即依附的系统条件为：安装终端服务器5.0、RDP版本不大于5.0.2195.5880、没有安装补丁Q324380、没有安装SP4、运行RDP服务。其漏洞检测对应的嵌入式SQL实现语句如下。

```
SELECT 'CAN-2002-0863' FROM Placeholder WHERE -- ### VULNERABLE SOFTWARE
EXISTS     -- Terminal Server Version
(SELECT 'Terminal Server Version' FROM Windows_RegistryKeys WHERE RegistryKey
= 'HKEY_LOCAL_MACHINE\SYSTEM\CurrentControlSet\Control\Terminal Server' AND
EntryName = 'ProductVersion' AND EntryValue = '5.0')
```

```
AND EXISTS    -- File %windir% \system32 \drivers \rdpwd.sys version is less than 5.0.2195.5880
(SELECT 'File %windir%\system32\drivers\rdpwd.sys version is less than 5.0.2195.5880'
FROM Windows_FileAttributes WHERE FilePath = (SELECT EntryValue || '\system32\drivers\rdpwd.sys' FROM Windows_RegistryKeys WHERE RegistryKey = 'HKEY_LOCAL_MACHINE\SOFTWARE\Microsoft\Windows NT\CurrentVersion' AND EntryName = 'SystemRoot') AND (Version1 < 5 OR (Version1 = 5 AND (Version2 < 0 OR (Version2 = 0 AND (Version3 < 2195 OR Version3 = 2195 AND Version4 < 5880))))))
```

4.5.2 系统结构

基于 OVAL 的漏洞评估系统主要由检测代理、分析控制台和数据中心三大模块组成，其模型如 4-11 所示。

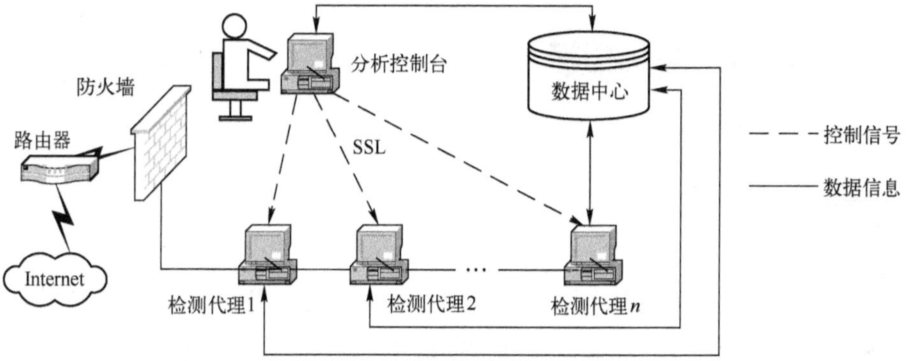

图 4-11　主动查询式漏洞扫描模型

各个模块的功能如下。

（1）检测代理

检测代理分布在评估网络内的各个主机上，负责收集本机的系统特征信息，并将数据上传到数据中心，供后面的评估分析使用。检测代理可提供用户账号、口令、进程列表、软件列表、补丁列表、操作系统类型等 20 多类主机信息，以构建主机的 Profile。

（2）分析控制台

分析控制台是漏洞评估的用户接口，它具有以下功能。

1）系统配置：根据评估需要（日常定期评估、安装新软件、系统配置改变）设置评估目标。

2）漏洞评估控制：启动分布式检测代理，控制漏洞评估的进行。

3）结果显示：当漏洞评估结束后，产生漏洞评估报告，显示发现的漏洞列表及每个漏洞的相关字段信息。

4）统计分析：统计各个风险等级的漏洞总数及其所占百分比，评估系统整体的安全状况。

5）数据库管理：查看、添加、删除数据库记录。

（3）数据中心

数据中心负责存放所有的数据信息，包括漏洞数据库、漏洞评估结果数据库和系统配置信息库。

4.6 被动监听式漏洞扫描

4.6.1 原理

被动监听式漏洞扫描（Passive Vulnerability Scanner，PVS）的工作原理类似于网络入侵检测系统（NIDS），它通过在共享网段上侦听采集通信数据，进一步解析抓取数据包不同层次的字段，最后与漏洞检测特征知识库相匹配，若匹配成功，则报告所发现的弱点。这类系统以旁路的形式部署在网络系统中，对主机资源消耗少，并可以对网络提供通用的保护而不必顾及异构主机的不同架构，从而不会影响系统的运行性能。被动监听式漏洞扫描系统除了简单的匹配扫描之外，还考虑了一些复杂的协议识别，比如 DNS 和 SNMP，借助于包含多个“正则表达式的模式匹配”识别方法，通过多步骤和逻辑判断来确定基本服务或客户端的实际版本。图 4-12 以 IMAP Banner 为例，给出正则表达式及其插件模板。

1）id 是分配给这个插件的一个独一无二的号码。

2）nid 是相应的 Nessus 的脚本编号。

3）hs_sport 是源端口。

```
id=1000001
nid=11414
hs_sport=143
name=IMAP Banner
description=An IMAP server is running on this port. Its banner is :<br>
%L
risk=NONE
match=OK
match=IMAP
match=server ready
regex=^.*OK.*IMAP.*server ready
```

图 4-12　IMAP Banner 的正则表达式及其检测插件

4）name 是插件名称。

5）description 是一个问题或服务的描述。

6）match 是匹配模式的集合，必须在评估正则表达式之前在数据包的有效负载中找到相关内容。

7）regex 是适用于数据包的有效载荷的表达式。

4.6.2 系统结构

被动监听式漏洞扫描（PVS）系统通过直接分析数据包流来检测客户端以及服务器的漏洞，它包括在线主机列表、主机用户、主机运行服务、服务器漏洞等。PVS 需要部署在网络集线器上，跨越交换机端口。系统结构如图 4-13 所示。

被动监听式漏洞扫描系统可以智能检测特定对象，它能检测指向特定服务器的所有会话，因此包丢失以及 CPU 负载问题不会影响工作效率。它能每秒钟检测数千个会话，并锁定特定的会话。其被动监听的工作方式不会给网络带来负载，也不会造成网络系统的运行不稳定。但是如果网络有一个非对称路由的拓扑结构，其效率将会受到限制。如果会话双方没有同时存在，大约有三分之一的插件不会工作。另外，面对虚假的标识（banners）和蜜罐，即当网络管理员部署了网络蜜罐系统，或改变了其服务的默认标识时，系统将会受到欺骗，导致检测脆弱性的能力下降。

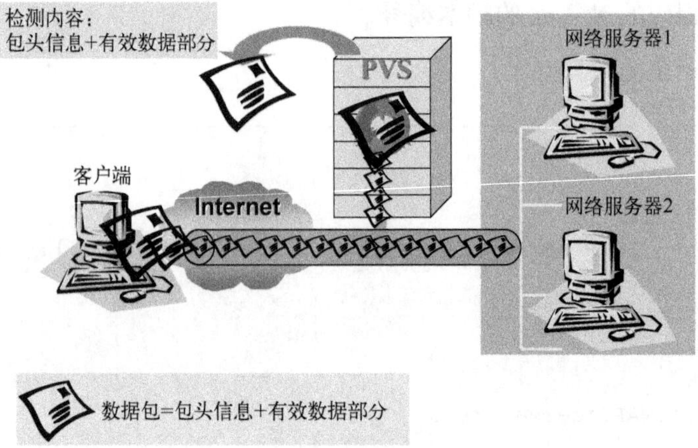

图 4-13 被动监听式漏洞扫描（PVS）系统结构

📖 三种漏洞检测技术：主动模拟攻击式、主动查询式、被动监听式，各有千秋，没有哪种技术更优于另一种技术，每一种技术在应对企业网络的技术或政策限制时都有各自的优缺点。对于现代网络来说，主动模拟攻击式为主，主动查询式和被动监听式为辅，三种漏洞检测技术的融合才是该领域的发展趋势。

习题

（1）安全漏洞与 bug 的关系是什么？

（2）梳理划分安全漏洞类型的维度。

（3）总结并分析主动模拟攻击式、主动查询式及被动监听式漏洞扫描方法的优缺点。

第 5 章　安全脆弱性检测分析技术与工具

事实上，网络攻击已经从早期展示个人技能的攻击为主，演化为复杂的多步骤攻击。大多数网络攻击场景是利用多个脆弱点的多步骤跳板/摆渡式攻击，其攻击往往包含一组紧密关联的原子攻击环节，如目标系统信息收集、弱点信息挖掘分析、目标使用权限获取、攻击行为隐蔽、攻击实施、开辟后门、痕迹清除等。攻击技术的复杂化、攻击手段的多元化对网络安全分析提出了更高的要求，而根据传统漏洞扫描工具则难以对系统安全状况做出全局的分析和判断。全局性的网络安全分析需要考虑影响网络安全的诸多要素，除了脆弱性之外，还有运行的网络服务、开放的网络连接、主机/用户之间的信任关系、访问权限等。

本章重点介绍网络安全全局分析的重要手段：攻击图技术，包括攻击图理论技术基础、类型及相关的工具。

5.1　脆弱性分析概述

随着网络技术的不断进步，计算机网络的应用规模急剧扩大，但是计算机网络资源管理分散，用户缺乏安全意识和有效的防护手段，各类软硬件产品和网络信息系统普遍存在脆弱性。这里，**安全脆弱性**也叫**安全漏洞**，指主机系统、应用服务、通信协议、数据库等不同层面存在的漏洞，它是产生网络安全问题的根源，也是信息安全风险评估的要素之一，一旦被黑客攻击所利用，将导致系统配置信息泄露、信任关系非法获取、特权提升等。由于存在各种网络系统漏洞、潜在的错误操作以及网络犯罪等危险因素，因此对网络安全脆弱性分析技术的需求也愈发迫切。

网络安全脆弱性的分析工作划分为两个层次：单一孤立漏洞的分析和组合漏洞的分析。其中，孤立漏洞的检测往往依赖于漏洞扫描工具进行，这是分析系统安全脆弱性的必经环节，能够帮助管理员发现系统中存在的漏洞，比如开放端口、SQL注入、弱口令、缓冲区溢出等漏洞。目前，常见的漏洞扫描技术包括端口扫描、主机漏洞检测、网络漏洞检测、Web应用漏洞检测、数据库漏洞检测、移动App漏洞检测等，但是这些技术集中在孤立漏洞的分析，并没有给出全局的整体脆弱性分析，没有考虑不同主机之间及同一主机漏洞的组合利用所带来的安全问题。组合漏洞的识别分析依赖于攻击图技术，发现同一网络中多个漏洞的组合利用，可以识别系统中会威胁到保护目标的潜在攻击路径集合，从整体上分析网络系统的安全脆弱性，为信息系统安全加固、安全度量、安全管理等提供支撑。组合漏洞分析可以识别多步骤、摆渡式攻击利用的攻击漏洞序列，有助于管理员通盘全局地考虑安全加固。后续将介绍用于实现全局脆弱性分析的攻击图的相关概念、攻击图类型、攻击图生成工具MulVAL及攻击图分析技术。

5.2 相关概念

1. 攻击图

网络中总是存在一定的安全漏洞，而这些漏洞之间也可能会存在一定的关联关系，即当一个漏洞被成功利用后，可能为另一漏洞的利用创造有利条件。为了能够彻底找出所有关联关系，最有效的方法就是通过模拟攻击者对存在安全漏洞的网络的攻击过程，找到所有能够到达目标的攻击路径，同时将这些路径以图的形式表现出来，这种图就是网络攻击图，简称**攻击图**（Attack Graph，AG）。20世纪90年代，Philips和Swiler首次提出了攻击图的概念，并将其应用于网络脆弱性分析。

攻击图是一种有向图，展示了攻击者可能发动的攻击顺序和攻击效果，一般由顶点和有向边两部分构成。根据攻击图类型的不同，顶点可以表示主机、服务、漏洞、权限等网络安全相关要素，也可以表示账户被攻击者破解、权限被攻击者获取等网络安全状态，边则用于表示攻击者攻击行为的先后顺序。

攻击图是一种基于模型的网络安全评估技术。它从攻击者的角度出发，在综合分析多种网络配置和脆弱性信息的基础上，找出所有可能的攻击路径，并提供了一种表示攻击过程场景的可视化方法，从而帮助网络安全管理人员直观地理解目标网络内各个脆弱性之间的关系、脆弱性与网络安全配置之间的关系，以及由此产生的潜在威胁。理论上，攻击图可以构建完整的网络安全模型，反映网络中各个节点的脆弱性并刻画出攻击者攻陷重要节点的所有途径，弥补了以往技术只能根据漏洞数量和威胁等级评估节点和全网的安全性，而不能根据节点在网络中的位置和功能进行评估的缺陷。攻击图以图形化的方式展示了网络中所有可被防御方发现的攻击路径，展示了攻击者对网络进行渗透过程中特定的连续攻击行为，即一条由攻击者节点到目标节点的攻击路径。

2. 攻击图技术

攻击图技术主要有两个方面：**攻击图生成技术**和**攻击图分析技术**。攻击图生成技术是指利用目标网络信息和攻击模式生成攻击图的方法，是攻击图技术中的基础。攻击图分析技术是指分析攻击图，得到关键节点和路径或者对脆弱性进行量化的方法。对目标网络构建攻击图，一方面可以分析从边界节点到需要进行重点保护节点之间可能存在的攻击路径，对路径上的高危节点进行重点防御，达到保护重要节点的目的；另一方面，可以在攻击发生时实时分析攻击者的攻击能力并推断攻击者的后续攻击目标，以便采取应对和反制措施，攻击图技术很快得到了专家和学者们的广泛认可。

5.3　攻击图类型

根据图中节点及边的代表信息，攻击图可以分为两大类：状态攻击图和属性攻击图。

5.3.1　状态攻击图

状态攻击图最早由 Sheyner 首先提出，图中顶点表示主机、提供的服务等网络状态信息，有向边则表示状态之间的迁移。状态攻击图可以形式化地表示为

$$AG=(E,V)$$

其中，E 为边集合，即原子攻击集合，任意边 $e \in E$ 都表示全局状态的迁移；V 表示状态顶点集合，对于任意顶点 $v \in V$，可以用四元组 $<h, srv, vul, x>$ 表示。其中，h 为该状态涉及的主机；srv 为涉及的服务；vul 为该状态下存在的漏洞；x 可以是任何其他需要参考的信息，如开放端口、入侵检测系统等。图 5-1 给出状态攻击图示例，其中虚线顶点表示网络的初始状态。

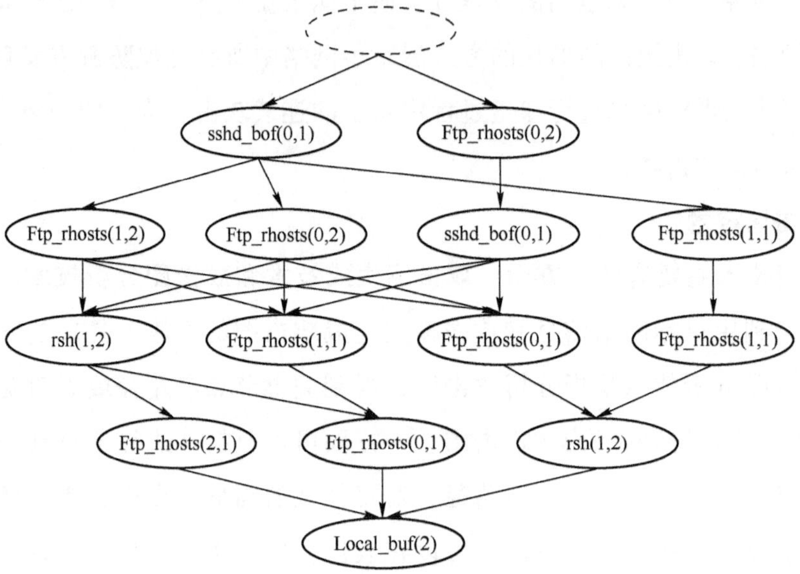

图 5-1　状态攻击图示例

状态攻击图示例中出现的原子攻击信息和属性分别如表 5-1 和表 5-2 所示。

表 5-1　原子攻击信息

值	含　义
Ftp_rhosts(a,b)	攻击者利用主机 b 上的 ftp_rhosts 漏洞，从主机 a 远程登录到主机 b 上，并建立主机 a 到主机 b 的可信关系，表示为 trust(a, b)
sshd_bof(a,b)	攻击者利用主机 b 上的 sshd 漏洞，从主机 a 上利用远程缓冲区溢出攻击获得主机 b 上的 user 权限，表示为 user(b)
rsh(a,b)	攻击者利用主机 a 和主机 b 之间的一个已存在的远程登录可信关系，从主机 a 登录到主机 b，进而不需要密码就可以得到主机 b 上的 user 权限
Local_buf(a)	攻击者在主机 a 上使用本地缓冲区溢出攻击获得主机 a 上的 root 权限，表示为 root(a)

表 5-2　属性信息

值	含　义
Ftp(a,b)	从主机 a 上可以访问到主机 b 上的 ftpd 服务
sshd(a,b)	从主机 a 上可以访问到主机 b 上的 sshd 服务
trust(a,b)	主机 a 信任主机 b
user(a)	攻击者在主机 a 上有 user 权限
root(a)	攻击者在主机 a 上有 root 权限

该状态攻击图中，节点表示网络状态，有向边表示状态的迁移。最上方的虚线节点表示网络的初始状态，该状态可能迁移到 sshd_bof(0,1)状态或 Ftp_rhosts(0,2)状态，即“攻击者通过主机 1 上的 sshd 漏洞，从主机 0 上利用远程缓冲区溢出攻击获得主机 1 上的 user 权限”和“攻击者通过主机 2 上的 Ftp_rhosts 漏洞，建立从主机 0 到主机 2 上的远程登录可信关系”；若网络迁移到了 sshd_bof(0,1)状态，则可能从 sshd_bof(0,1)状态继续迁移到 Ftp_rhosts(1,2)、Ftp_rhosts(0,2)或 Ftp_rhosts(1,1)三个状态；若网络迁移到了 Ftp_rhosts(0,2)状态，则可能继续迁移到 rsh(1,2)、Ftp_rhosts(1,1)或 Ftp_rhosts(0,1)状态；若网络迁移到了 rsh(1,2)状态，则可能继续迁移到Ftp_rhosts(2,1)或 Ftp_rhosts(0,1)状态；若网络迁移到了 Ftp_rhosts(0,1)状态，则可能继续迁移到最终的 Local_buf(2)状态。这张状态攻击图包含了目标网络可能处于的所有脆弱性状态和所有可能的状态转移，但由于缺少具体的状态转移条件和攻击路径，所以不够直观。

在状态攻击图中，可以用多个状态顶点表示同一种全局状态。随着状态的迁移，过于快速的状态增长使得状态攻击图难以被应用到大规模网络中，存在状态爆炸的问题。而且，状态攻击图在视觉上不够直观，因此目前针对状态攻击图的研究偏少。

5.3.2　属性攻击图

属性攻击图是为解决状态攻击图的状态爆炸问题而提出的，它将网络中的安全

要素作为独立的属性顶点，同一主机上的同一漏洞仅对应图中的一个属性顶点。属性攻击可图形式化地表示为

$$AG=(C, V, E)$$

其中，C 表示条件集合（包括所有初始条件、前置条件和后置条件）；V 表示漏洞集合；E 表示边集合，且 AG 满足以下条件：对于 $V_q \in V$，$\mathrm{Pre}(q)$ 为前置条件集合，$\mathrm{Post}(q)$ 为后置条件集合，则有 $(\wedge \mathrm{Pre}(q)) \rightarrow (\wedge \mathrm{Post}(q))$，表明满足所有前置条件时可完成漏洞利用，从而满足该漏洞的所有后置条件。图 5-2 为属性攻击图示例，其中椭圆顶点为条件顶点，矩形顶点为漏洞顶点。

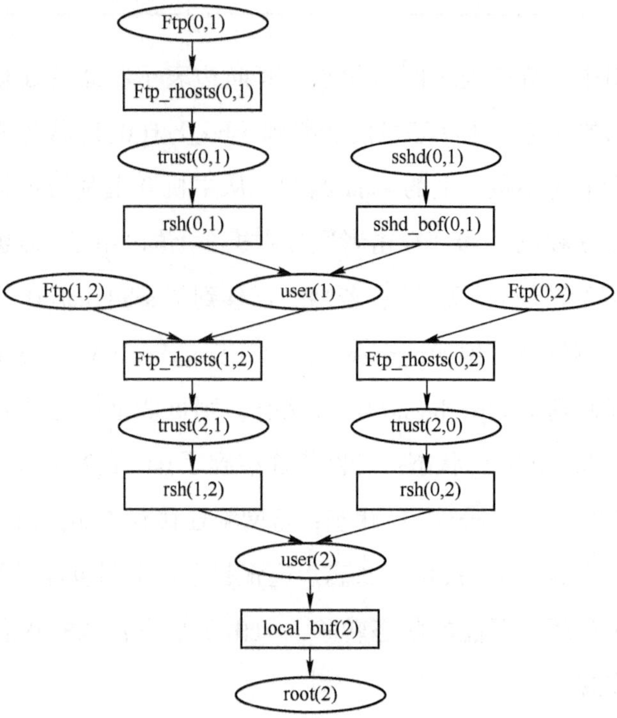

图 5-2　属性攻击图示例

图 5-2 给出的属性攻击图中原子攻击、属性的信息及解释同图 5-1 的状态攻击图。该属性攻击图中椭圆节点为条件节点，矩形节点是漏洞（利用）节点。其中，默认属性 user(0)：“攻击者在主机 0 上有 user 权限”未显式表示。以下将从最左侧的攻击路径对该属性攻击图进行详细解释。

攻击者初始时拥有 user(0)、Ftp(0,1)、sshd(0,1) 和 Ftp(0,2) 四个属性（或称条件），即“攻击者在主机 0 上有 user 权限”“从主机 0 可以访问到主机 1 的 ftpd

服务”“从主机 0 可以访问到主机 1 的 sshd 服务”和“从主机 0 可以访问到主机 2 的 ftpd 服务”四个条件。同时，利用条件 user(0) 和 Ftp(0,1) 可完成 Ftp_rhosts(0,1) 漏洞利用，即“攻击者通过主机 1 上的 ftp_rhosts 漏洞建立从主机 0 到主机 1 上的远程登录可信关系”，攻击完成后可获得 trust(0,1) 属性。利用刚刚获得的条件 trust(0,1) 可完成 rsh(0,1) 漏洞利用，从而获得 user(1) 属性。另外，也可以通过同时利用条件 user(0) 和 sshd(0,1) 完成 sshd_bof(0,1) 漏洞利用，得到 user(1) 属性。之后，同时利用条件 Ftp(1,2) 和 user(1) 可完成 Ftp_rhosts(1,2) 漏洞利用，从而获得 trust(2,1) 属性。利用刚才获得的条件 trust(2,1) 可完成 rsh(1,2) 漏洞利用，从而获得 user(2) 属性，从图上可以看出该属性还可以通过另一条攻击路径得到。利用刚才获得的条件 user(2) 可完成 local_buf(2) 漏洞利用，从而获得最终的 root(2) 属性，这也是攻击者的攻击目标。该属性攻击图直观展示了目标网络中所有可能的攻击路径，以及攻击路径中的攻击条件和具体的原子攻击，所以非常直观易懂，易于使用。

属性攻击图中包含两类分别表示漏洞和条件的顶点，其中条件顶点表明攻击者当前所具有的权限，漏洞顶点表示存在漏洞的服务和攻击者通过利用该漏洞可以获取的权限。同样，属性攻击图的边也有两类：由条件指向漏洞的边表示漏洞的前置条件，由漏洞指向条件的边表示漏洞的后置条件。对于属性攻击图，原子攻击节点即漏洞顶点。对于攻击图中任意一个漏洞顶点，当满足全部前置条件时该漏洞才可能被成功利用；而对于任意一个条件顶点，若将其作为后置条件的任意一个漏洞都可以被成功利用，则认为该条件可被满足。

相对于状态攻击图而言，属性攻击图具有生成速度快、结构简单等特点，对大规模网络有更好的适应性。目前，属性攻击图在风险评估、告警关联、动态评估等方面已经有了广泛的应用。

5.4 攻击图生成工具 MulVAL

攻击图生成技术是指利用目标网络信息和攻击模式生成攻击图的方法，是攻击图技术的基础，将组织网络、脆弱性、攻击模式等安全相关信息通过建模的方式进行表示，并且关联起来。网络攻击图成为整体性网络安全分析的重要手段，它综合了攻击、漏洞、主机、网络连接关系、系统服务等因素，把网络中各主机上的脆弱性关联起来进行深入分析，分析攻击者为达到攻击目标所能选择的所有路径，即发现威胁网络安全的攻击路径并用图的方式展现出来，这可以帮助安全管理人员发现漏洞组合利用所带来的安全问题，通过攻击图就可以直观地观察到网络中各脆弱性之间的关系，可以选择最小的代价对网络脆弱性进行弥补，其广泛应用在网络安全评估、告警关联、态势感知、应急响应等网络安全管理技术领域，引起了研究人员的广泛关注，研究多种攻击图生成技术并开发了相应的自动生成工具。

下面将介绍 Linux 平台下开源攻击图生成工具 MulVAL 的工作原理、模型框架及产生的攻击图样例。

5.4.1 原理

MulVAL 基于 Nessus 或 OVAL 等漏洞扫描器的扫描结果、网络节点的配置信息以及其他相关信息，使用 Graphviz 图片生成器绘制攻击图，并以 pdf 和 txt 格式的输出描述攻击图的文件。MulVAL 使用 Datalog 语言作为建模语言，形式化描述系统漏洞、网络连通性规则、系统配置、权限设置等，即将 Nessus/OVAL 扫描器报告、防火墙管理工具提供的网络拓扑信息以及网络管理员提供的网络管理策略等转化为 Datalog 语言的事实作为输入，交由内部的推导引擎进行攻击过程推导。推导引擎由 Datalog 规则组成，这些规则捕获操作系统行为和网络中各个组件的交互。最后，由可视化工具将推导引擎得到的攻击树可视化为攻击图。MulVAL 工具的原理如图 5-3 所示。

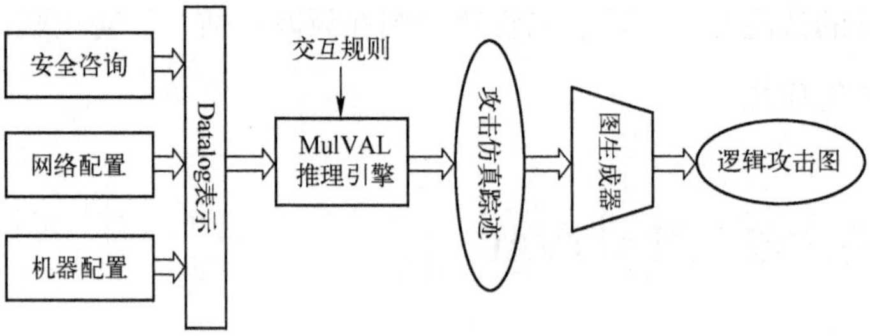

图 5-3 MulVAL 技术原理

5.4.2 模型框架

MulVAL 的模型框架如图 5-4 所示，其输入来自漏洞扫描器、主机配置、网络配置、安全策略、用户等，核心是交互规则和 Prolog 推理引擎，输出为攻击路径。

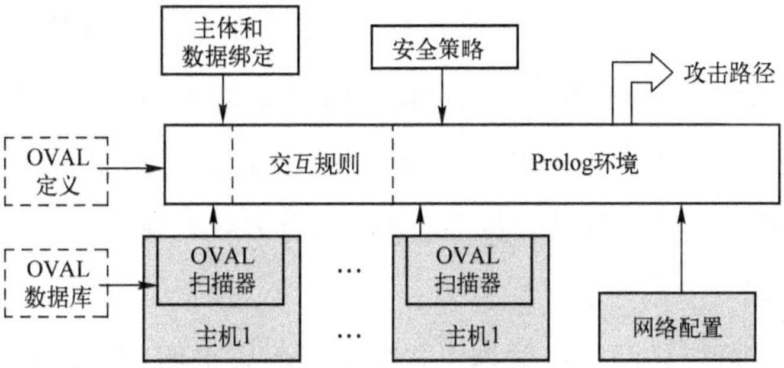

图 5-4　MulVAL 模型框架

1. MulVAL 的输入

（1）漏洞警告

充分利用开放式脆弱性评估语言（OVAL）的优势，将 OVAL 扫描器的扫描结果转换为 Datalog 子句，进一步结合 NVD 漏洞数据库中提供的漏洞利用后果，并将其实例化为攻击图构建过程中所需的 Datalog 子句。比如扫描器发现 Web 服务器存在 CAN-2002-0392 漏洞，该漏洞涉及服务器程序 httpd，此测试结果对应的 Datalog 子句为

```
vulExists(webServer,'CAN-2002-0392',httpd)
```

NVD 数据库显示该漏洞使远程攻击者能够使用程序的所有权限执行任意代码，实例化的 Datalog 子句为

```
vulProperty('CAN-2002-0392',remoteExploit,privilegeEscalation)
```

（2）主机配置

使用 OVAL 扫描器提取主机配置参数，输出服务程序的信息（端口号、特权等），并把输出转换成 Datalog 子句。比如

```
networkService(webServer,httpd,TCP,80,apache)
```

表示应用程序 apache 的进程 httpd 在 WebServer 上运行，并使用 TCP 协议的端口 80。

（3）网络配置

由防火墙管理工具读取路由器、防火墙配置，并抽象为主机访问控制列表

(HACL)，即网络允许的主机之间的所有访问。它由以下形式的条目集合组成：

```
hacl(Source, Destination, Protocol, DestPort)
```

比如 hacl(internet,webServer,TCP,80)，表示允许接受来自 internet 的访问 webServer 的 TCP 协议 80 端口的数据流。

HACL 是对防火墙、路由器、交换机和网络拓扑等元素配置效果的抽象。在涉及使用 DHCP（特别是在无线网络中）的动态环境中，防火墙规则可能非常复杂，并且可能会受到网络状态、用户向中央身份验证服务器进行身份验证的能力等因素的影响。在这种环境中，要求系统管理员手动提供所有 HACL 规则。

(4) 安全策略

描述哪些主体可以访问哪些数据，并禁止任何未被明确允许的行为。每个主体和数据都有一个符号名，每个安全策略声明的格式如下：

```
allow(Principal, Access, Data)
```

安全策略声明格式中的参数可以是常量或变量（变量以大写字母开头，可以与任何常量匹配）。以下是一个示例策略：

```
allow(Everyone, read,webPages)
allow(user, Access, projectPlan)
allow(sysAdmin, Access, Data)
```

以上策略规定任何人都可以读 webPages，user 可以任意访问 projectPlan，sysAdmin 可以访问任意 Data。

(5) 信息绑定

包括主体绑定和数据绑定。主体绑定是将主体符号映射到其在网络主机上的用户账户，一般由管理员定义。例如：

```
hasAccount(user, projectPC, userAccount)
hasAccount(sysAdmin, webServer, root)
```

数据绑定则是将数据符号映射到计算机上的路径。例如：

```
dataBind(projectPlan,workstation,'/home')
dataBind(webPages, webServer, '/www')
```

2. 交互规则和推理引擎

MulVAL 中的推理规则被声明为 Datalog 子句。在 Datalog 格式中，变量是以大写字母开头的标识符，常数是以小写字母开头的。MulVAL 中的句子可以表示为 Horn[⊖] 子句，如

$$L_0 :- L_1, \cdots; L_n$$

在语义上，它意味着如果 L_1，…，L_n 是真的，那么 L_0 也是真的。子句：符号 “-” 左边的叫头，右边的叫正文。带有空正文的子句称为事实。带有非空正文的子句称为规则。

MulVAL 推导规则规定了不同类型的漏洞利用、危害传播和多跳网络访问的语义。MulVAL 规则经过精心设计，以便将有关特定漏洞的信息分解到从 OVAL 和 ICAT 生成的数据中。交互规则描述了一般攻击方法，而不是特定的漏洞。因此，即使经常报告新的漏洞，也不必频繁更改规则。定义 execCode(P,H,UserPriv) 表示主体 P 可以在计算机 H 上以权限 UserPriv 执行任意代码；netAccess(P,H,Protocol,Port) 表示主体 P 可以通过协议 Protocol 将数据包发送到计算机 H 的端口 Port 上。下面给出一些具体的推理规则。

（1）远程利用服务程序的规则

```
execCode(Attacker, Host, Priv) :-
    vulExists(Host, VulID, Program),
    vulProperty(VulID, remoteExploit, privEscalation),
    networkService(Host, Program, Protocol, Port, Priv),
    netAccess(Attacker, Host, Protocol, Port),
    malicious(Attacker).
```

也就是说，如果在主机 Host 上运行的程序包含（vulExists）一个可远程利用（remoteExploit）的漏洞（VulID），该漏洞的影响是权限提升（privEscalation），则错误程序 Program 在权限 Priv 下运行并监听 Protocol 和 Port，攻击者（Attacker）可以通过网络访问服务（netAccess），则攻击者可以在具有 Priv 权限的机器 Host 上执行任意代码［execCode（Attacker，Host，Priv）］。此规则可应用于任何与模式匹配的漏洞。

⊖ 在数理逻辑中，Horn 子句是带有最多一个肯定文字的子句。——编辑注

（2）客户端程序的远程攻击的规则

```
execCode(Attacker, Host, Priv) :-
    vulExists(Host, VulID, Program),
    vulProperty(VulID, remoteExploit, privEscalation),
    clientProgram(Host, Program, Priv),
    malicious(Attacker).
```

规则的正文指定：

1）程序易受远程攻击。

2）程序是具有权限 Priv 的客户端软件。

3）攻击者是来自可能存在恶意用户的网络部分的某个主体。利用此漏洞的后果是攻击者可以使用权限 Priv 执行任意代码。

（3）利用本地权限提升漏洞的规则

```
execCode(Attacker, Host, Owner) :-
    vulExists(Host, VulID, Prog),
    vulProperty(VulID, localExploit, privEscalation),
    setuidProgram(Host, Prog, Owner),
    execCode(Attacker, Host, SomePriv),
    malicious(Attacker).
```

对于此攻击，前提条件是执行代码要求攻击者首先具有对计算机主机 Host 的某些访问权限，利用此漏洞的后果是攻击者可以获得 setuid 程序所有者的权限。

（4）危害传播规则

MulVAL 的一个重要特性是能够对多级攻击进行推理。成功应用攻击后，推理引擎必须发现攻击者将如何进一步危害系统。下面的规则说明，如果攻击者 P 可以使用 Owner 的权限访问计算机 H，那么他也可以访问 Owner 所拥有的任意文件。

```
accessFile(P, H, Access, Path) :-
    execCode(P, H, Owner),
    filePath(H, Owner, Path).
```

下面的规则说明，如果攻击者可以修改 Owner 目录下的文件，他就可以获得

Owner 的权限。这是因为木马可以通过篡改执行的二进制文件的方式注入，然后所有者可以执行：

```
execCode(Attacker, H, Owner) :-
    accessFile(Attacker, H, write, Path),
    filePath(H, Owner, Path),
    malicious(Attacker).
```

攻击者可以利用正常的软件行为对网络文件系统（NFS）发起多步骤攻击，攻击者先是在可以与 NFS 服务器通信的计算机上获得根访问权限，然后根据文件服务器的配置，攻击者能够访问服务器上的任何文件。

```
accessFile(P, Server, Access, Path) :-
    malicious(P),
    execCode(P, Client, root),
    nfsExportInfo(Server, Path, Access, Client),
    hacl(Client, Server, rpc, 100003)).
```

其中，hacl(Client，Server，rpc，100003）是主机访问控制列表（HALC）中的一个条目，它指定计算机客户机可以通过 NFS［一种编号为 100003 的 RPC（远程过程调用协议)］与服务器通信。

（5）多跳网络接入规则

```
netAccess(P, H2, Protocol, Port) :-
    execCode(P, H1, Priv),
    hacl(H1, H2, Protocol, Port).
```

如果主体 P 以某种权限 Priv 访问机器 H1，并且网络允许 H1 通过协议 Protocol 和端口 Port 访问主机 H2，那么主体 P 可以通过协议 Protocol 和端口 Port 访问主机 H2。这样就可以对多主机攻击的路线进行推理，攻击者首先从网络中哪一台计算机上获得了访问权限，然后从该计算机发起攻击。

5.4.3 攻击图样例

MulVAL 是一种基于 Datalog 的网络安全分析器，脆弱性数据库中的信息、每台主机的配置信息和其他的一些相关信息都能通过程序的加工处理编码成为 Datalog 中的事实，从而供推理引擎分析，计算出网络中各种组件之间的交互。

网络结构示例如图 5-5 所示。

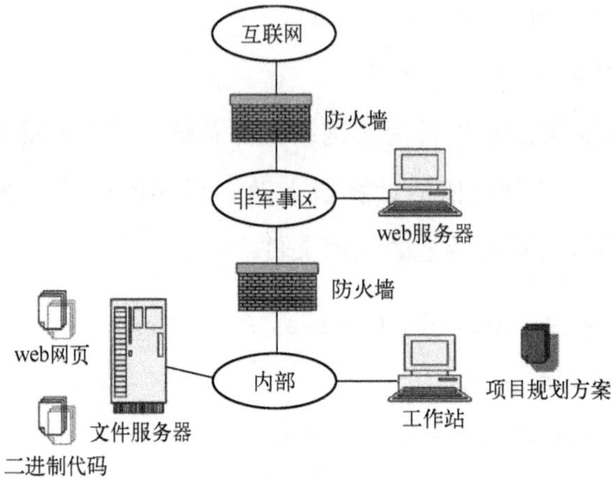

图 5-5　网络结构示例

输入文件为 Datalog 子句，如图 5-6 所示。

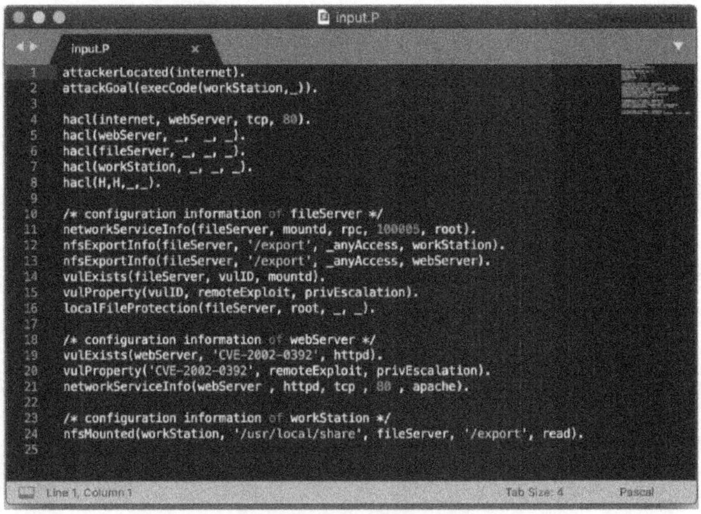

```
attackerLocated(internet).
attackGoal(execCode(workStation,_)).

hacl(internet, webServer, tcp, 80).
hacl(webServer, _, _, _).
hacl(fileServer, _, _, _).
hacl(workStation, _, _, _).
hacl(H,H,_,_).

/* configuration information of fileServer */
networkServiceInfo(fileServer, mountd, rpc, 100005, root).
nfsExportInfo(fileServer, '/export', _anyAccess, workStation).
nfsExportInfo(fileServer, '/export', _anyAccess, webServer).
vulExists(fileServer, vulID, mountd).
vulProperty(vulID, remoteExploit, privEscalation).
localFileProtection(fileServer, root, _, _).

/* configuration information of webServer */
vulExists(webServer, 'CVE-2002-0392', httpd).
vulProperty('CVE-2002-0392', remoteExploit, privEscalation).
networkServiceInfo(webServer , httpd, tcp , 80 , apache).

/* configuration information of workStation */
nfsMounted(workStation, '/usr/local/share', fileServer, '/export', read).
```

图 5-6　Datalog 子句

基于 Graphviz 工具生成的可视化属性攻击图如图 5-7 所示。图中的椭圆形节点是原子攻击节点，矩形节点是初始条件节点，菱形节点是中间条件节点。

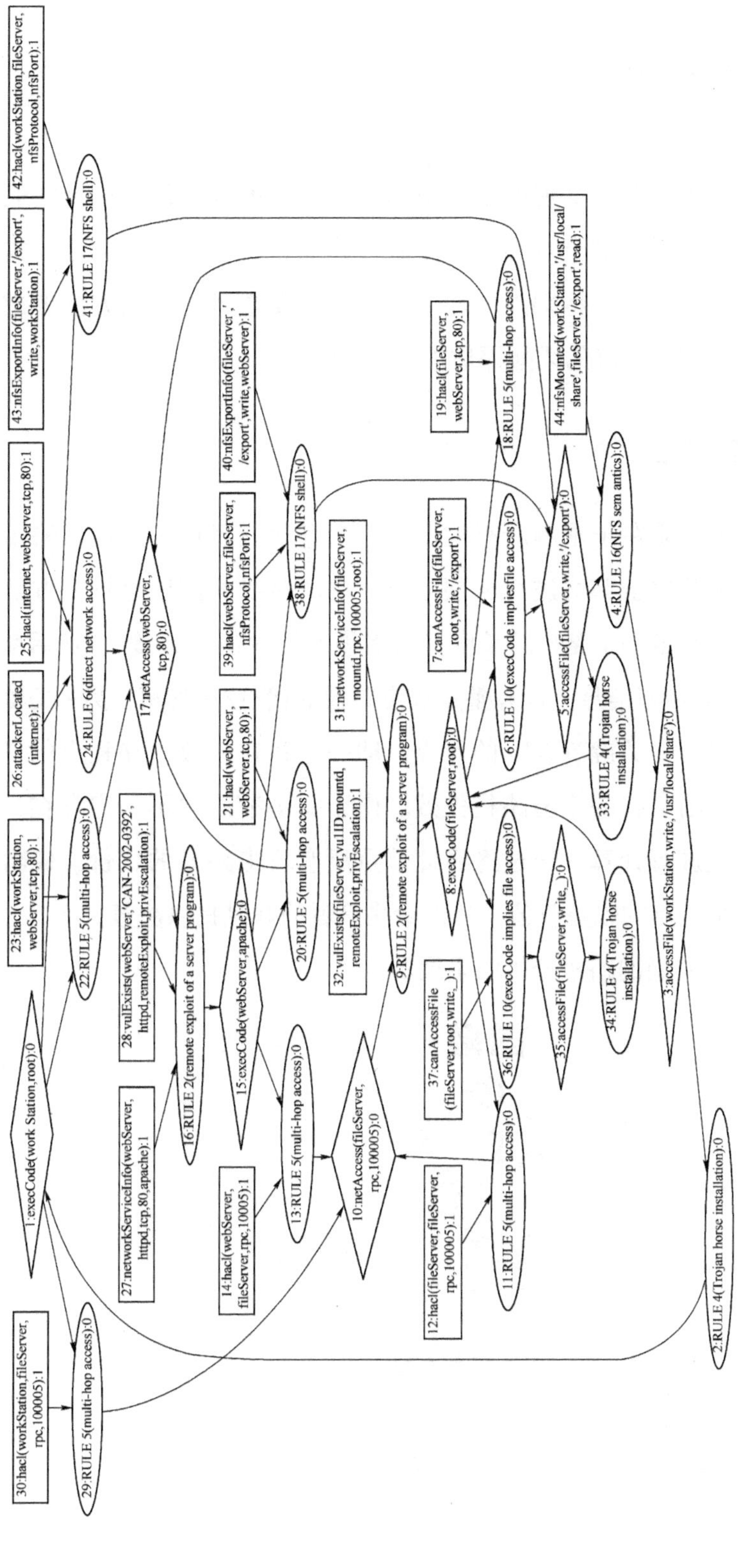

图5-7　Graphviz工具生成可视化属性攻击图

5.5 攻击图分析技术

攻击图分析技术以能够直观展示组织网络中存在的各类信息以及它们之间关系的攻击图为基础，得到关键节点和路径或者对脆弱性进行量化的方法，提供安全评估及防御分析方面的内容。特别地，基于攻击图的安全风险度量方法考虑到不同漏洞间的关联关系，这与传统的风险评估模型不同。

5.5.1 攻击面分析

攻击面分析的本质在于求解所有攻击路径，直观展示攻击者可以采用的攻击路线，便于后续对这些攻击路线进行深层分析。攻击路线的深层分析一方面包括路径代价分析，即首先确定每条路径的长度（或者说原子攻击的数量），然后就可以结合原子攻击的代价/成功率信息，计算整条攻击路径的代价/成功率。另一方面，则是对节点进行分析，包括“关键节点”的计算，即一定存在于攻击路径上的点，修复任何一个关键节点，则所有的攻击路径失效。由于关键节点并不一定存在，所以可以进一步对节点权值进行计算，通过途经此节点所有攻击路径的代价、成功率以及目标价值，计算这个节点的收益权值，从而给决策者的修复提供决策。

图 5-8 为一个典型的路径分析结果展示。

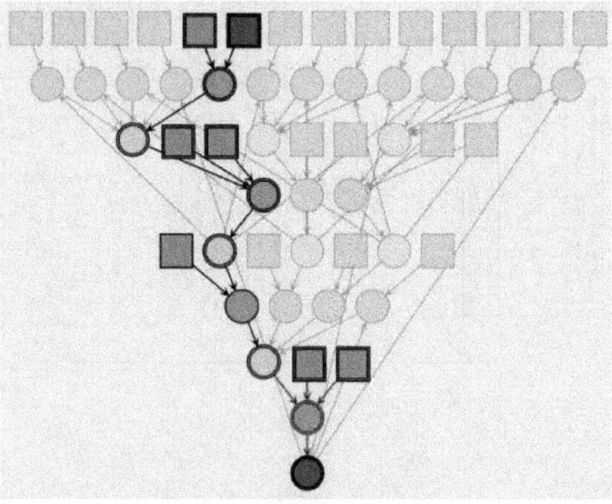

图 5-8　路径分析结果展示

5.5.2 安全度量

（1）度量指标

Noel S. 和 Jajodia S. 于 2014 年发表的论文“Metrics Suite for Network Attack Graph Analytics”中，将攻击图度量的指标分为 4 个度量簇，分别是受害簇（victimization）、规模簇（size）、拓扑簇（topology）和抑制簇（containment）。综合这 4 种度量簇的分值得到网络整体的安全风险值，就可以实现基于攻击图的网络整体范围的安全风险度量。这里每个度量簇由反映系统整体安全不同方面的相关独立度量指标组成，如图 5-9 所示。

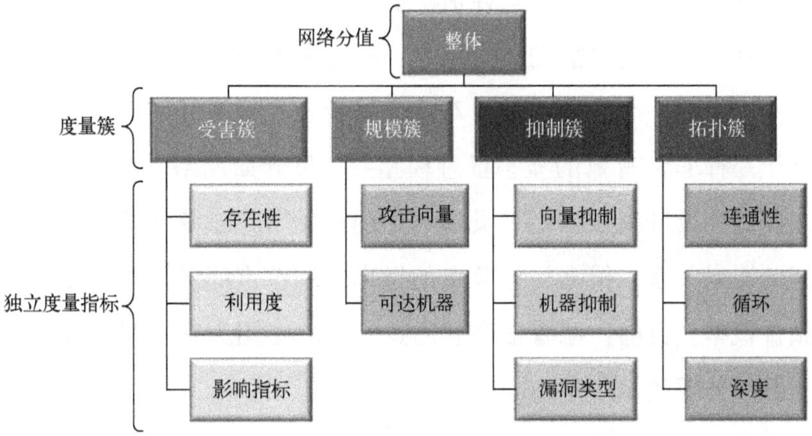

图 5-9　攻击图度量指标

1）受害簇：每个独立的漏洞及暴露的服务都有风险元素。受害簇指标包括存在性、利用度、影响指标这三个独立的度量指标，其中，存在性是指脆弱的网络服务的相对数目；利用度是指利用的相对难易度，使用 CVSS 评分体系的 Exploitation 的平均值衡量；影响指标也是通过 CVSS 的 Impact 的平均值度量。

2）规模簇：攻击图的规模是系统风险的主要标识，攻击图规模越大，系统遭受攻击的风险也就越大。规模簇包括攻击向量、可达机器这两个度量指标，其中攻击向量是指单步攻击向量的数目与网络中可能的攻击总数之比，而可达机器则是指攻击图中机器数量与网络中的机器总数之比。

3）拓扑簇：攻击图的图理论特性反映了图关系如何使得渗透成为可能，拓扑簇指标包含连通性、循环、深度，其中连通性是指域级攻击图中弱连通的组件数，循环是指域级攻击图中强连通的组件数，深度是指域级攻击图中最短路径的最大值。

4）抑制簇：通常情况下，网络管理是按照子网、域等分区域进行的，降低风险的方法是减少跨域、跨边界的攻击。基于分域的网络管理思想，抑制簇被定义为攻击图所包含的跨保护域攻击的度，它主要包括向量抑制、机器抑制和漏洞类型，其中向量抑制是指跨保护域的攻击向量数占攻击向量总数的比值，机器抑制是指攻击图中来自其他域攻击目标的机器数与图中机器总数的占比，漏洞类型是指攻击图中来自其他域攻击利用的漏洞数与图中漏洞类型总数之比值。

（2）基于贝叶斯攻击图的风险评估模型

攻击图反映了网络内可能的攻击路径，而判断图中哪些路径更有可能被攻击者使用是攻击图分析的一个重要功能。对攻击路径发生概率和节点被攻陷概率的计算研究大多基于一种非常有效的概率推理模型——贝叶斯网络，因此，将基于贝叶斯网络的攻击图称为贝叶斯攻击图。贝叶斯中的初始节点被赋予概率值，有向边表示了节点之间的因果关系，根据初始节点的概率值和节点间的因果关系推导出后续所有节点的条件概率。目前，已有很多利用贝叶斯攻击图方法来量化和评估网络安全性的研究，其评估模型如图 5-10 所示。

5.5.3 安全加固

（1）基于系统初始配置条件的安全评估方案

对于网络管理员，除了需要了解攻击图中漏洞的利用序列之外，他们往往更关心网络加固的方法，需要一组明确且可管理的网络安全加固选项，为给定网络资源的安全提供保证。

美国乔治·梅森大学（GMU）的研究者 Steven Noel 提出，应立足于网络防卫，分析危及安全目标的潜在攻击路径集，发现切断所有攻击路径的最小网络初始配置条件集，通过改变识别的最小网络初始配置条件集，进而实现安全评估的最终目的。此外，在给定单一的加固措施成本时，进一步计算花费代价最小的加固措施，提供对服务可用性影响最小、成本最低的加固措施，提供用于网络安全增强的充分且必要的网络初始条件。

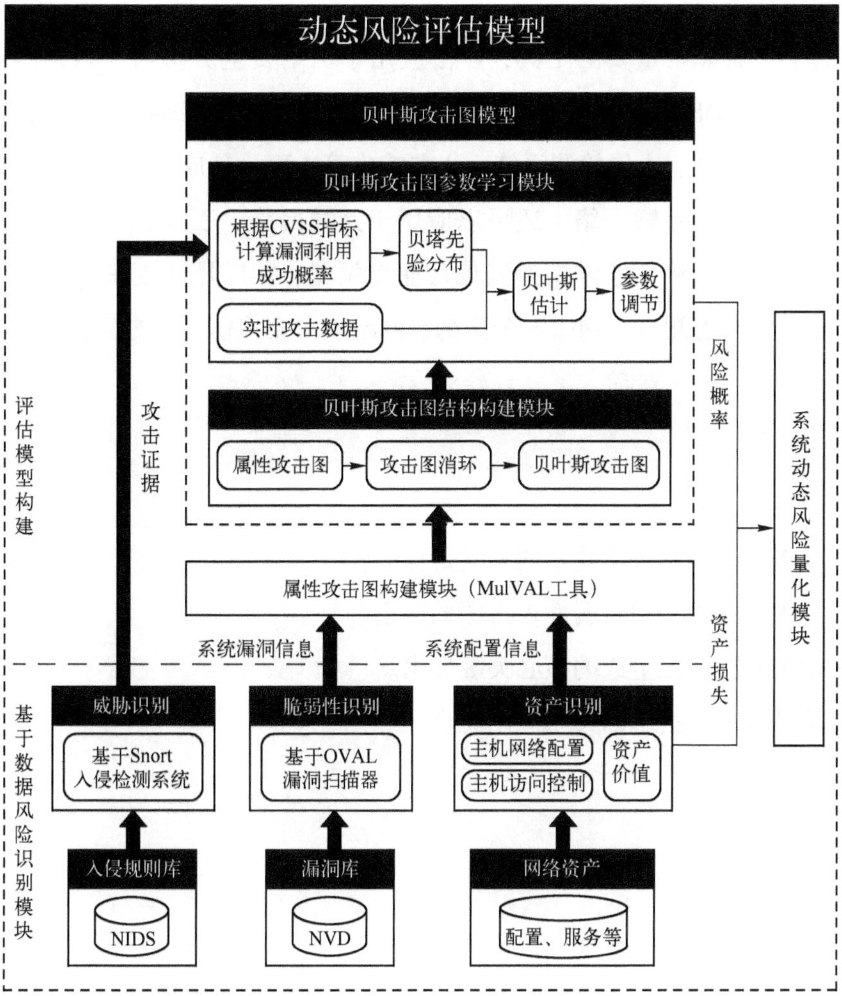

图 5-10　基于贝叶斯攻击图的风险评估模型

（2）最小关键攻击集优化

面对复杂的有向无环攻击图，如何增强网络系统的安全防御能力是网络管理员不得不考虑的问题。国外研究者 S. Jha 提出，从攻击层着手，计算从初始状态到保护目标的最小关键攻击集（Minimum Critical Set of Attacks，MCSA）。对于给定的网络攻击图，若去除 MCSA 中包含的所有元素，攻击者无论采取哪条路径都不能达到目标。因此，只要对 MCSA 中所有原子攻击采取预防措施，破坏其攻击的前提条件，便可保证攻击者无法实现其攻击目标。S. Jha 指出，MCSA 的求取等同于解决具有 NP 完全问题性质的碰集（hitting set）问题，并提出应用贪心法来解决网络安全评估中的MCSA问题。

攻击图是一种非常重要的工具，广泛应用于网络安全分析与评估的研究。从安全生命周期模型PDR（防护、检测、响应）来看，攻击图可以应用于网络安全设计、网络安全与漏洞管理、入侵检测系统、入侵响应等方面。从应用领域来说，攻击图不仅可以应用于普通的互联网络，还可以应用于无线网络、工业控制网络，特别是电力网络以及对网络依赖性非常高的其他行业或领域。从应用角度来说，网络攻击图可以应用于网络渗透测试、网络安全防御、网络攻击模拟仿真等方面。

习题

（1）攻击图与漏洞扫描技术的异同是什么？

（2）简述状态攻击图与属性攻击图的区别。

（3）请说明攻击图生成的核心关键技术。

（4）总结攻击图技术的典型应用场合。

第 6 章　网络安全威胁行为识别

信息安全风险评估活动中威胁评估的关键在于识别威胁源，确认威胁源的能力和动机，以评估威胁发生的可能性大小。近年来，网络病毒、数据泄露等网络安全事件层出不穷。尤其是 2019 年以来，很多高级可持续性威胁（APT）组织的攻击工具和数据集被泄露并被普遍使用，对各关键领域基础设施的网络安全造成了很大的威胁。网络安全事件的规模越来越大，影响越来越广，波及政府、金融、教育、制造业等各个领域。尤其是高级持续性威胁，其发起组织具有技术实力雄厚、装备体系化和作业团队规模化等特点，攻击活动的复杂度高，攻击过程隐蔽性强，溯源难度大，其突破、存在、影响、持续直至安全撤出网络环境或系统的轨迹很难被察觉，这给传统停留在 0day 漏洞、恶意代码的单点攻击检测带来了严峻挑战。

本章介绍基于情报分析的相关威胁检测模型：杀伤链模型（Cyber Kill Chain）和 ATT&CK（Adversarial Tactics, Techniques, and Common Knowledge）模型，重点分析 ATT&CK 模型及其典型的应用场景（威胁识别与评估）。

6.1　威胁识别模型概述

随着恶意程序及安全漏洞的数量持续走高，安全态势变得日益复杂。APT 识别/跟踪、攻击溯源、威胁狩猎与响应、团伙分析、态势感知等安全防御目标已经远远超出了传统孤立检测系统的应用范畴。目前，检测和防御所涉及的技术已经从防火墙、杀毒软件、IDS 等传统被动防御手段上升到威胁情报、态势感知和 SOC 等主动防御体系。了解攻击者的战术（Tactics）、技术（Techniques）和过程（Procedures）[⊖]是成功进行威胁识别、威胁情报分析和网络防御的关键。然而，在网络安全领域中存在攻守双方的不对称。相比于攻击方来说，防守方处于弱势，这主要体现在4个方面：

1）进攻方可以随意在攻击面选取任何一点攻破防御。

2）防守方缺乏有效的检测手段发现高级攻击组织经常使用的若干0day漏洞发起的攻击。

3）高水平的攻击方会使用各种复杂的跳板、混淆和加密技术，绕过防守方掌握的攻击特征检测方法，这意味着即使防守方掌握了足够多的攻击特征，依然不可能防住攻击方的所有攻击

4）即使防守方检测到了像0day漏洞和恶意代码之类的单点攻击，也不能形成一个攻击矢量，防守方依然不清楚攻击方的真实目标、下一步攻击会在哪里、下一步会使用什么方法，既无助于对其整个过程进行全面的分析，也难以有效地指导防御工作。

在网络攻守双方不对称的情况下，需要对网络流量和终端进行实时监控、分析，应用威胁情报、机器学习、沙箱等多种检测方法，发现隐藏在海量流量和终端日志中的可疑活动与安全威胁，这可以帮助企业安全团队精准检测失陷（被控）主机、追溯攻击链、定位当前攻击阶段，防止攻击者进一步破坏系统或窃取数据。从攻击方视角去分析攻击的TTP，建立体系化、框架化的威胁分析模型，对其行为展开更深入、系统的分析，理解威胁，进而实现更有效的防御。

6.1.1 威胁模型框架

网络安全威胁涉及对象域、方法域、事件域，其中对象域包含威胁主体和攻击目标，方法域涉及攻击方法和应对措施，事件域包括攻击活动、安全事件、攻击指标和可观测数据，网络安全威胁模型如图6-1所示。

⊖ TTP，即战术（Tactics）、技术（Techniques）和过程（Procedures），最早来源于军事术语，逐步应用到网络安全场景。——编辑注

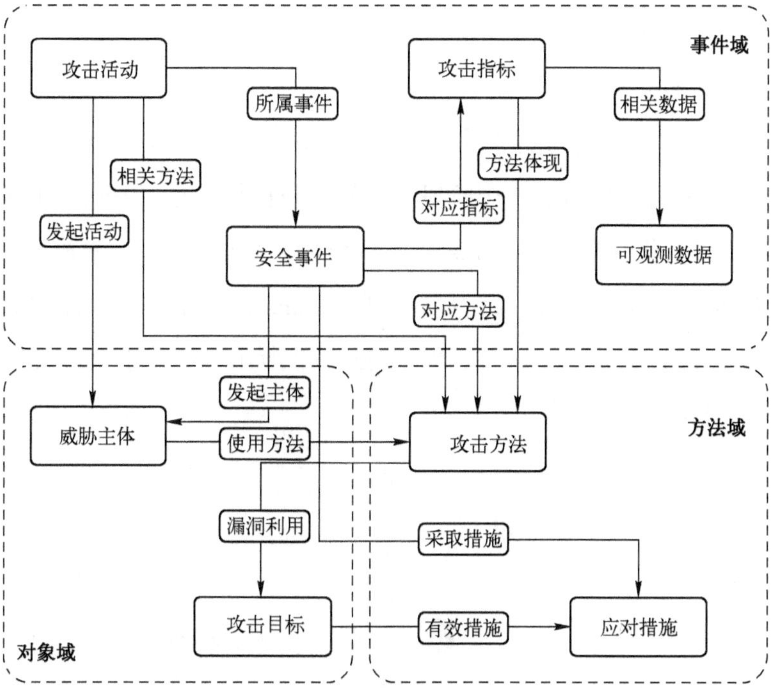

图 6-1　网络安全威胁模型

在美国政府资助的研究机构 MITRE 所提出的"网络安全威胁建模：调查、评估和典型框架"（Cyber Threat Modeling：Survey，Assessment，and Representative Framework）中，将威胁模型框架分为三类。

1）面向风险管理的模型，例如著名的美国国家标准及技术研究院提出的网络安全框架 NIST Cybersecurity Framework，以及更加著名的洛克希德·马丁公司定义的杀伤链 Cyber Kill Chain。

2）面向安全软件设计开发测试的模型，例如微软提出的 STRIDE 模型、Intel 提出的 TARA 模型。

3）面向威胁信息分享的模型，例如 MITRE 定义的 STIX 模型、美国国家情报总局定义的网络威胁模型 ODNI CTF。

📖 ATT&CK 模型的提出晚于威胁模型框架，所以在三类典型的威胁模型框架样例中并没有提及。事实上，根据 ATT&CK 模型的工作原理，其既属于面向威胁信息分享的模型，也属于面向风险管理的模型。

6.1.2 杀伤链模型

洛克希德·马丁公司定义的杀伤链（Cyber Kill Chain）在业界赫赫有名，应用广泛，它定义了 APT 网络攻击的 7 个阶段，该模型将网络攻击过程分为目标侦查（Reconnaissance）、武器化（Weaponization）、载荷投递（Delivery）、漏洞利用（Exploitation）、安装植入（Installation）、命令与控制（Command and Control，C&C）、任务执行（Actions on Objectives）这 7 个步骤，如图 6-2 所示。但是杀伤链模型由于太过抽象化，无法和实际攻击相对应。

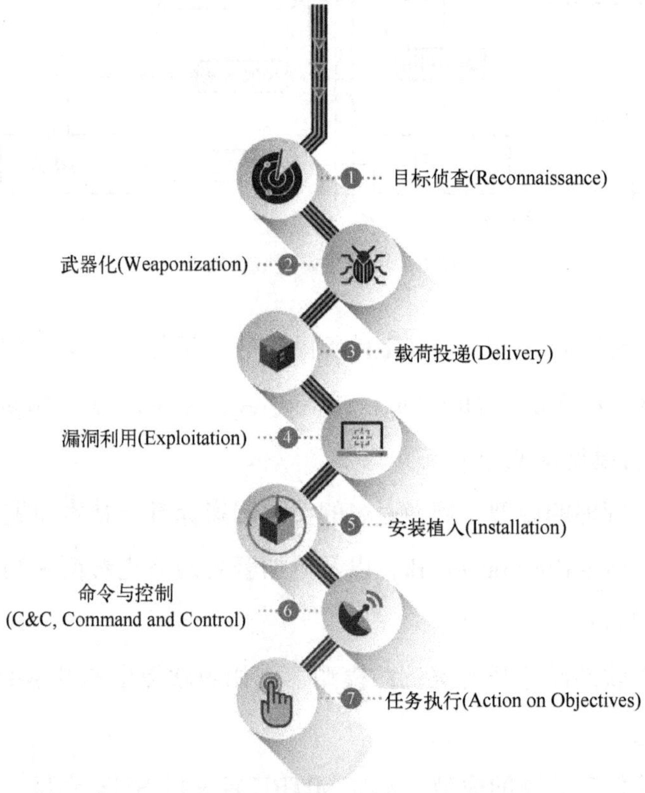

图 6-2　杀伤链模型（Cyber Kill Chain）

6.1.3 ATT&CK 模型

2013 年，研究机构 MITRE 在其内部项目 FMX 的基础上孵化出了 ATT&CK 项目，并于 2015 年公开发布了第一版 ATT&CK 框架模型，根据真实的观察数据来描述和分类对抗行为。ATT&CK 的全称是 Adversarial Tactics，Techniques，and Common Knowledge，其中 A 代表 Adversarial，即攻击者、对手；两个 T 分别代表 Tactics 和 Techniques，即战术和技术；CK 代表 Common Knowledge，即通用知识库。ATT&CK 模型是在洛克希德·马丁公司提出的杀伤链模型的基础上，构建了一套更细粒度、更易共享的知识模型和框架。

目前，ATT&CK 模型分为三部分，分别是 PRE-ATT&CK、ATT&CK for Enterprise 和 ATT&CK for Mobile，如图 6-3 所示。其中，PRE-ATT&CK 覆盖杀伤链模型的前两个阶段（目标侦查、武器化），它包含了攻击者在尝试利用特定目标网络或系统漏洞进行相关操作时有关的战术和技术。ATT&CK for Enterprise 覆盖杀伤链的后五个阶段（载荷投递、漏洞利用、安装植入、命令与控制、任务执行），由适用于 Windows、Linux 和 mac OS 系统的技术和战术部分组成。ATT&CK for Mobile 则包含了适用于移动设备的战术和技术。

图 6-3　MITRE ATT&CK 模型与杀伤链模型的对应关系

但是，ATT&CK 中的战术跟洛克希德·马丁的网络杀伤链不一样，并没有遵循任何线性顺序。相反，攻击者可以随意切换战术来实现最终目标，而且强调没有一种战术比其他战术更重要。企业组织必须对当前覆盖范围进行分析，评估组织面临的风险，并采用有意义的措施来弥合差距。

与杀伤链模型相比，ATT&CK 细化了杀伤链模型的战术，同时增加了可以在每个阶段使用的技术描述。PRE-ATT&CK 部分包括的战术有优先级定义、选择目标、信息收集、发现脆弱点、攻击性利用开发平台、建立和维护基础设施、人力建设、建立能力、测试能力、分段能力。ATT&CK 模型中用途最广泛的 ATT&CK for Enterprise 部分包含 12 种战术，即初始访问、执行、持久化、特权提升、防御绕过、凭证访问、发现、横向移动、收集、命令与控制、泄露、影响。如果把这 12 种战术比喻成一场真实的战争，初始访问就相当于抢滩登陆的过程；执行、持久化、特权提升、防御绕过就是夺取和巩固阵地的过程；凭证访问、发现、横向移动相当于在当前阵地上继续扩大战果，夺取新的高地的过程；收集、命令与控制、泄露、影响则是战争最终要达成的目标。ATT&CK 模型包含的战术如图 6-4 所示。

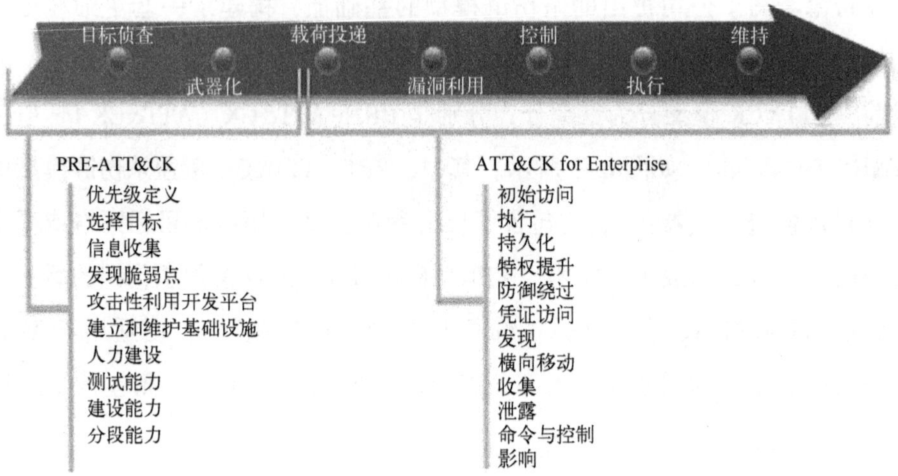

图 6-4　ATT&CK 包含的战术

MITRE 的 ATT&CK 模型以攻击者视角创建，是基于现实世界观测的对手战术与技术通用知识库，创建了网络攻击中使用的已知对抗战术和技术的详尽列表。简单来说，ATT&CK 是 MITRE 提出的“对抗战术、技术和常识”框架，是由攻击者在攻击企业时利用的各种战术和数百种攻击技术组成的精选**知识库**，并得到了安全行业的广泛关注。ATT&CK 将攻击步骤或攻击路径结构化，从失陷主机到提权，再到横向移动与泄露数据，这种统一的攻击者行为分类方法实现了一个机构中不同组织间的**信息共享**。ATT&CK 知识库根据真实的观察数据来描述和分类对抗行为，其数据基础更贴近攻击者行为的实战效果，因此对 APT 攻击组织的分析和相关威胁情报的关联有得天独厚的优势。其将已知攻击者行为转换为结构化列表，将这些已知的行为汇总成战术和技术，并通过几个矩阵以及结构化威胁信息表达式（STIX）、指标信息的可信自动化交换（TAXII）来表示，相当全面地呈现了攻击者在攻击网络时所采用的行为。ATT&CK 详细介绍每一种技术的利用方式，以及这项技术对于防御者的重要性，有助于安全人员更快速地了解不熟悉的技术。针对每种技术都有采用维基百科风格的具体场景示例，以便说明攻击者是如何通过某一恶意软件或行动方案来利用该技术的。

6.2　ATT&CK 模型及相关工具

ATT&CK 模型始终从攻击角度看待问题，保持攻击者的视角，而且不断跟踪现实世界的实际 APT 攻击案例来更新技术，将攻击行动进行抽象提炼，从而很好地发现攻击行动与防御对策之间的联系。

6.2.1　四个关键对象

ATT&CK 并不是一种安全技术，而是策略型的知识库字典资源，用户通过查字典就可以找到常规战术对应的动作。ATT&CK 框架基于攻击者的战术和技术，能够分析和检测可疑的攻击者行为。ATT&CK 模型包含四个关键对象，分别是战术、技术、组织和软件，具体如下。

1）战术（Tactics）：指攻击者常用的攻击战术，或者恶意软件的恶意行为。

2）技术（Techniques）：指实现某种策略的具体技术，一个战术可以对应多种技术。

3）组织（Groups）：MITRE 整理了世界上一些著名的黑客组织（Groups）及这些组织的相关参数，包括组织的基本描述、别名、以往攻击中所用到的技术及软件等。

4）软件（Software）：指攻击者经常用的软件，包括工具、组件和恶意软件。

战术是攻击者执行行动的战术目标，属于个人技术的范畴，涵盖了攻击者在操作期间所做事情的标准及更高级别的表示。例如持久化、信息发现、横向移动、执行文件和泄露数据。技术代表攻击者通过攻击行动实现战术目标的“方式”。例如，攻击者可以转储凭证以获得对网络访问的有用凭证，该凭证可以在以后用于横向移动。组织使用技术和软件去完成战术，软件是实现技术的手段。ATT&CK 模型四个关键对象的关系如图 6-5 所示。

APT28（一个黑客组织）利用 Mimikatz（一款 Windows 密码抓取软件）和 Credential Dumping 技术实现 Credential Access 的关系模型如图 6-6 所示。

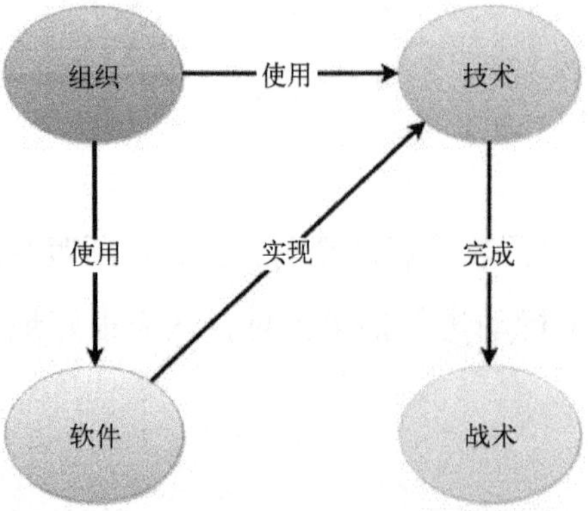

图 6-5　ATT&CK 四个关键对象的关系

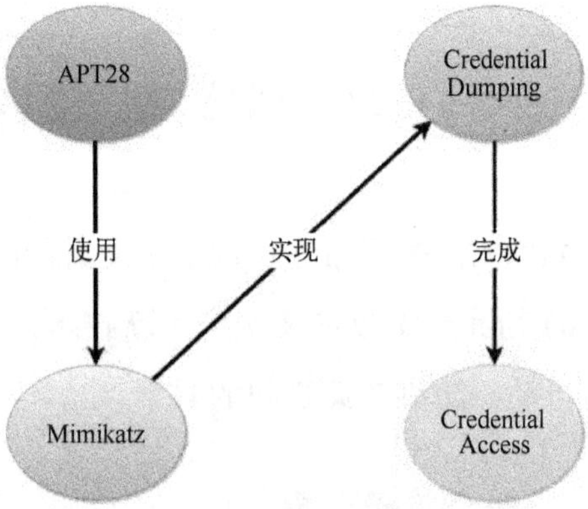

图 6-6　以 APT28 为例说明 ATT&CK 四个关键对象的关系

6.2.2 战术和技术的关系矩阵

ATT&CK 矩阵用来可视化表示战术和技术之间的关系，如图 6-7 所示。图中的列表示攻击者的技术目标，即战术；行表示技术目标的实现方式，即技术。例如，在持久化（Persistence）战术（这是攻击者的目标——持久存在于目标环境中）下面有一系列技术，包括 AppInit DLL（在注册表中有个 AppInit_DLLs 值，可以指定动态链接库（DLL）由 user32. dll 加载）、New Service（创建新的服务）和 Scheduled Task（计划任务），这些都是攻击者可用于实现持久性目标的单一技术。

每一种战术（Tactics）下有多个技术（Technique），每个技术又可以为多种战术服务。MITRE 将反映网络攻击基本策略的每种战术及完成某个攻击战术所涉及的技术分配 ID，战术与技术分别以 TA 和 T 作为开头，后面接数字，方便信息安全工作者进行查询⊖。比如 Initial Access（ID:TA0001）表示攻击者试图接入被攻击者的网络，Execution（ID: TA0002）表示攻击者试图运行恶意代码，Persistence（ID: TA0003）策略涉及了 Accessibility Features（ID:T1015）、AppCert DLLs（ID:T1098）和 AppInit DLLs（ID:T1103）等多种技术，而且 AppInit DLLs 这种技术又可以在 Privilege Escalation（ID:TA0004）策略中使用。

⊖ 注意：战术（Tactics）和技术（Techniques）的 ID 会随 ATT&CK 矩阵的版本更新而变化，请以官网为准。

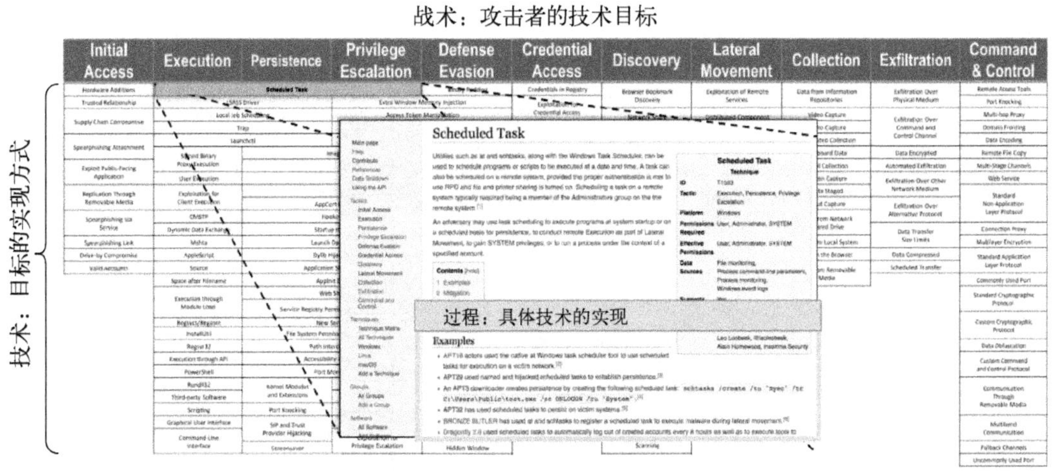

图 6-7　ATT&CK 矩阵（部分）

为了更好地让战术与技术相联系，ATT&CK 模型为特定的技术对象提供了相关参数，如：Name、ID、Tactic 和 Description 等。图 6-8 和图 6-9 分别给出技术 New Service 的描述和技术 Applnit DLLs 的参数。

Example Technique: New Service

Description:	When operating systems boot up, they can start programs or applications called services that perform background system functions. [...] Adversaries may install a new service which will be executed at startup by directly modifying the registry or by using tools. 1
Platform:	Windows
Permissions required:	Administrator, SYSTEM
Effective permissions:	SYSTEM
Detection:	• Monitor service creation through changes in the Registry and common utilities using command-line invocation • ...
Mitigation:	• Limit privileges of user accounts and remediate Privilege Escalation vectors • ...
Data sources:	Windows registry, process monitoring, command-line parameters
Examples:	Carbanak, Lazarus Group, TinyZBot, Duqu, CozyCar, CosmicDuke, hcdLoader, ...
References:	1. Microsoft. (n.d.). Services. Retrieved June 7, 2016.

图 6-8　技术 New Service 的描述

ATT&CK Matrix for Enterprise 包括的战术有初始访问（Initial Access）、执行（Execution）、持久化（Persistence）、特权提升（Privilege Escalation）、防御绕过（Defense Evasion）、凭证访问（Credential Access）、发现（Discovery）、横向移动（Lateral Movement）、收集（Collection）、泄露（Exfiltration）、命令与控制（Command & Control）、影响（Impact），通过深入研究这些技战术与攻击过程，防护者能够更好地理解不同类型的攻击者和攻击套路，然后利用这些知识来建立起基于行为的检测机制，发现潜在的威胁和攻击者。

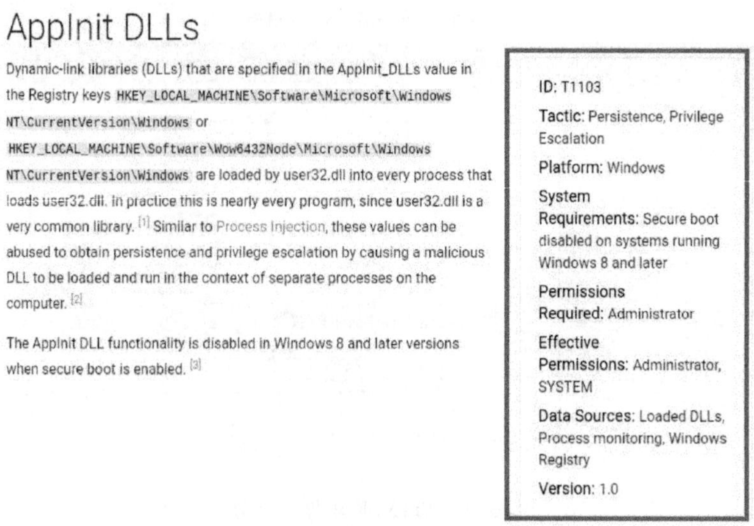

AppInit DLLs

Dynamic-link libraries (DLLs) that are specified in the AppInit_DLLs value in the Registry keys HKEY_LOCAL_MACHINE\Software\Microsoft\Windows NT\CurrentVersion\Windows or HKEY_LOCAL_MACHINE\Software\Wow6432Node\Microsoft\Windows NT\CurrentVersion\Windows are loaded by user32.dll into every process that loads user32.dll. In practice this is nearly every program, since user32.dll is a very common library. [1] Similar to Process Injection, these values can be abused to obtain persistence and privilege escalation by causing a malicious DLL to be loaded and run in the context of separate processes on the computer. [2]

The AppInit DLL functionality is disabled in Windows 8 and later versions when secure boot is enabled. [3]

ID: T1103

Tactic: Persistence, Privilege Escalation

Platform: Windows

System Requirements: Secure boot disabled on systems running Windows 8 and later

Permissions Required: Administrator

Effective Permissions: Administrator, SYSTEM

Data Sources: Loaded DLLs, Process monitoring, Windows Registry

Version: 1.0

图 6-9 技术 AppInit DLLs 的参数

ATT&CK 所总结的战术、技术和过程（TTP）都是基于对现实世界真正攻击者的观察，使用易于理解的矩阵形式将所有已知的战术和技术进行排列，将攻击战术展示在矩阵顶部，每列下面列出了单独的技术。一个攻击序列按照战术分，至少包含一个技术，并且通过从左侧的 Initial Access（初始访问）向右侧的 Impact（影响）移动，就构建了一个完整的攻击序列。一种战术可能使用多个技术。例如，攻击者可能同时尝试鱼叉式网络钓鱼（Spear Phishing）攻击中的钓鱼附件和钓鱼链接。图 6-10 给出一个具体案例所对应的战术和技术。

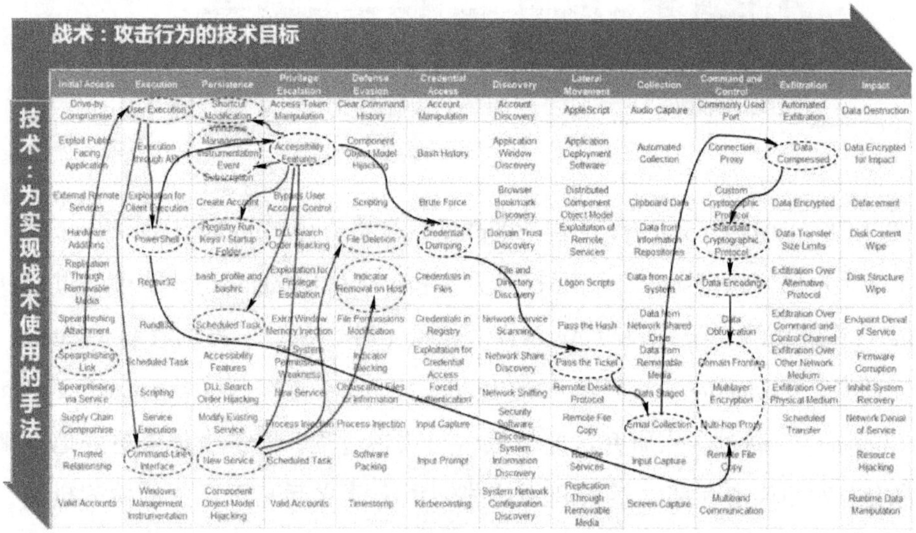

图 6-10 ATT&CK 的具体案例（鱼叉式网络钓鱼攻击）

6.2.3　组织与软件

MITRE 搜集了世界上 70 多个著名的黑客组织（Groups），提供了这些 Groups 的相关参数，包括 Group 的基本描述（Description）、别名（Aliases）、以往攻击中所用到的技术（Techniques）及软件（Software）等。图 6-11 为其中一个名为 APT28 的黑客组织的说明。

Example Group: APT28

Description:	APT28 is a threat group that has been attributed to the Russian government.[1234] This group reportedly compromised the Democratic National Committee in April 2016.[5]
Aliases:	Sednit, Sofacy, Pawn Storm, Fancy Bear, STRONTIUM, Tsar Team, Threat Group-4127, TG-4127[1234567]
Techniques:	• Data Obfuscation[1] • Connection Proxy[18] • Standard Application Layer Protocol[1] • Remote File Copy[89] • Rundll32[89] • Indicator Removal on Host[5] • Timestomp[5] • Credential Dumping[10] • Screen Capture[10 11] • Bootkit[7] *and more...*
Software:	CHOPSTICK, JHUHUGIT, ADVSTORESHELL, XTunnel, Mimikatz, HIDEDRV, USBStealer, CORESHELL, OLDBAIT, XAgentOSX, Komplex, Responder, Forfiles, Winexe, certutil[136]
References:	1. FireEye. (2015). APT28: A WINDOW INTO RUSSIA'S CYBER ESPIONAGE OPERATIONS?. Retrieved August 19, 2015. ...

图 6-11　ATT&CK 关于攻击组织 APT28 的说明

Software 即攻击者经常使用的软件，包括工具、组件和恶意软件，其参数有 Name、ID、Aliases、Type、Platform、Description、Alias Description、Techniques Used、Groups。图 6-12 给出了工具 cmd 的说明。

cmd

cmd is the Windows command-line interpreter that can be used to interact with systems and execute other processes and utilities. [1]

Cmd.exe contains native functionality to perform many operations to interact with the system, including listing files in a directory (e.g., `dir` [2]), deleting files (e.g., `del` [3]), and copying files (e.g., `copy` [4]).

ID: S0106
Associated Software: cmd.exe
Type: TOOL
Platforms: Windows
Version: 1.0

Techniques Used

Domain	ID	Name	Use
Enterprise	T1059	Command-Line Interface	cmd is used to execute programs and other actions at the command-line interface. [1]
Enterprise	T1083	File and Directory Discovery	cmd can be used to find files and directories with native functionality such as `dir` commands. [2]
Enterprise	T1107	File Deletion	cmd can be used to delete files from the file system. [3]
Enterprise	T1105	Remote File Copy	cmd can be used to copy files to a remotely connected system. [4]
Enterprise	T1082	System Information Discovery	cmd can be used to find information about the operating system. [2]

Groups That Use This Software

ID	Name	References
G0060	BRONZE BUTLER	[5]
G0072	Honeybee	[6]
G0026	APT18	[7]
G0071	Orangeworm	[8]
G0045	menuPass	[9]
G0093	Soft Cell	[10]

图 6-12　ATT&CK 关于工具 cmd 的说明

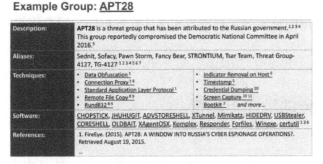

6.2.4 导航工具

ATT&CK 导航工具是一个很有用的工具，可用于映射针对 ATT&CK 技术的控制措施，可以添加不同的层来显示特定的检测控制措施、预防控制措施甚至可以是观察到的行为。导航工具可以在线使用，快速搭建模型或场景，也可以下载下来进行内部设置，作为一个持久化的解决方案。图 6-13 给出一个导航工具样例，黑客组织 APT28、APT29 使用的技术分别用浅色和深色底纹标注，两个组织同时使用的技术则用粗线框标注。

6.3 ATT&CK 典型使用场景

ATT&CK 是由各种攻击战术组成的，从表面看 ATT&CK 是攻击方的“参谋”，但攻防自古本就一体，俗话说“未知攻，焉知防”，在充分理解 ATT&CK 的每一项攻击战术后就可以反推出防守方法。在开展任何防御活动时，利用 ATT&CK 分类法，参考攻击者及其行为就可以总结出相应的防御方法。ATT&CK 不仅为网络防御者提供通用技术库，还为渗透测试和红队提供了技术基础，为防御者和红队[⊖]成员提供了通用语言，企业组织可以多种方式来使用 ATT&CK。图 6-14 给出 ATT&CK 的四种典型应用场景：可疑攻击行为检测（Detection）、威胁情报（Threat Intelligence）、评估与工程（Assessment and Engineering）、对手模拟（Adversary Emulation）。

1. 可疑攻击行为检测

ATT&CK 检测分析技术不同于以往进行检测的方式，基于 ATT&CK 的分析不是识别已知的恶意程序或行为并阻止它们，而是收集系统所发生事件的日志和事件数据，并使用这些数据来识别 ATT&CK 中描述的可疑行为。这里将根据对手团队的复杂程度和所拥有的资源，将对手分为三个级别：一级指那些刚开始可能没有许多资源的团队；二级指那些开始成熟的中层团队；三级指那些更高级的网络安全团队。

⊖ 红队（Red Team），即安全检测方，主要作用是验证用户的系统安全策略和防护措施的有效性。——编辑注

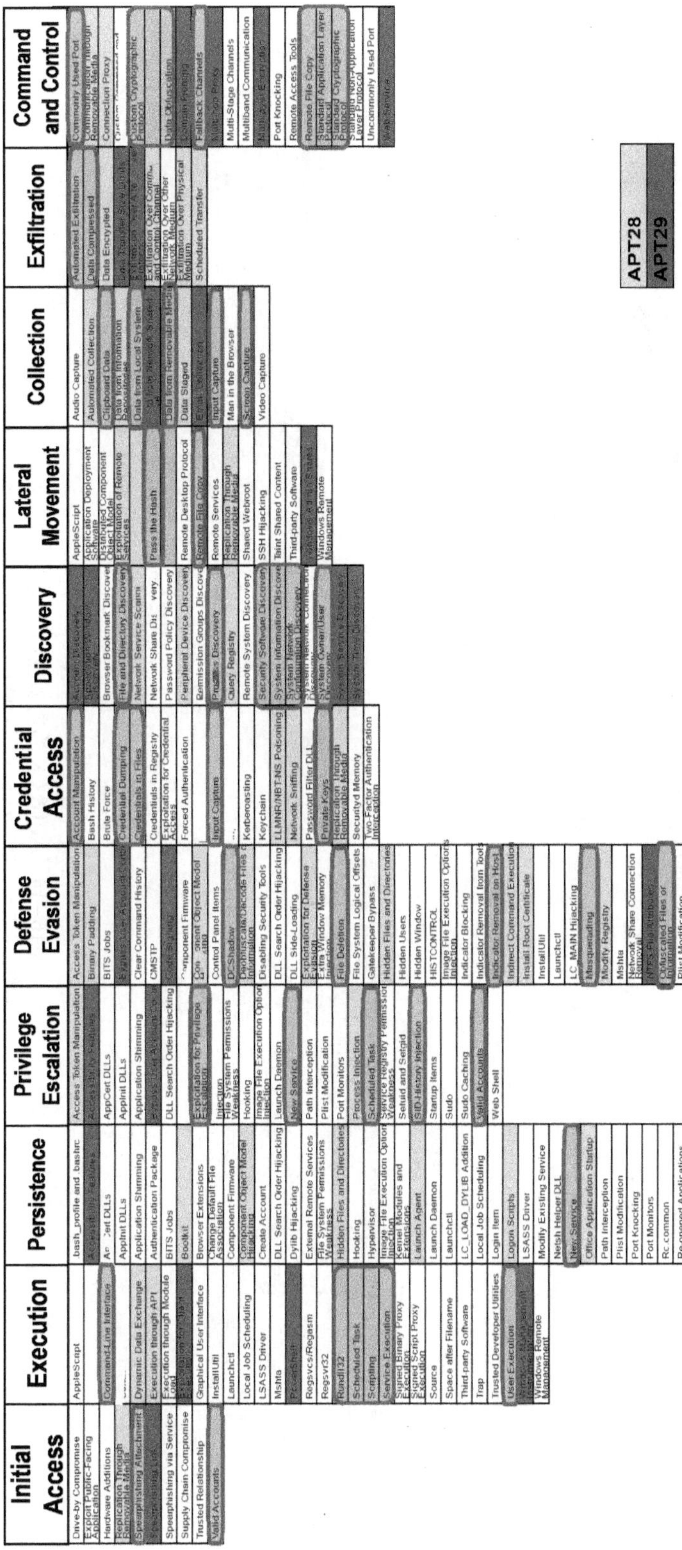
Initial Access
Execution
Persistence
Privilege Escalation
Defense Evasion
Credential Access
Discovery
Lateral Movement
Collection
Exfiltration
Command and Control
APT28
APT29

图6-13 ATT&CK导航工具样例(部分)

```
processes = search Process:Create
reg = filter processes where (exe == "reg.exe" and parent_exe
== "cmd.exe")
cmd = filter processes where (exe == "cmd.exe" and
parent_exe != "explorer.exe"")
reg_and_cmd = join (reg, cmd) where (reg.ppid == cmd.pid and
reg.hostname == cmd.hostname)
output reg_and_cmd
```

a)

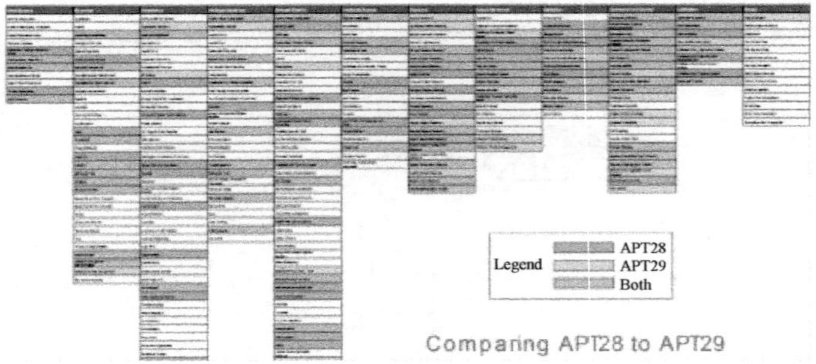

b)

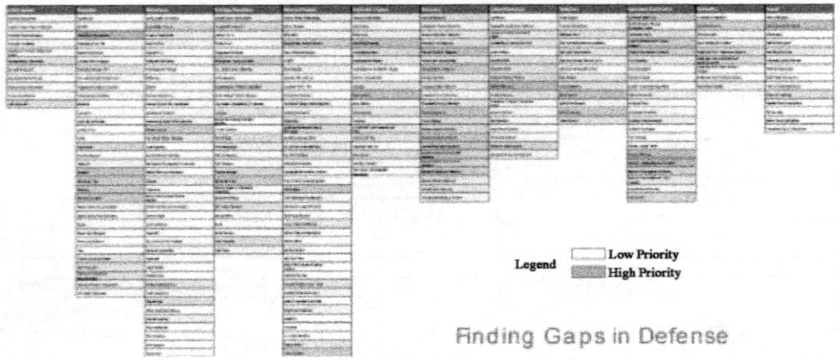

c)

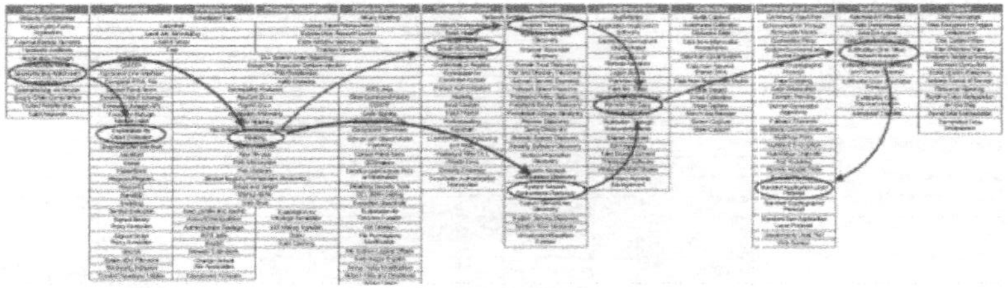

d)

图6-14　ATT&CK的典型应用场景

a) 可疑攻击行为检测(Detection)　b) 威胁情报(Threat Intelligence)
c) 评估与工程(Assessment and Engineering)　d) 对手模拟(Adversary Emulation)

ATT&CK 检测是为了帮助网络防御者开发分析程序，以检测对手使用的技术。创建和使用 ATT&CK 检测分析的第一步是了解拥有的数据和搜索功能，因为要检测到可疑的行为，就需要看到系统上发生的行为。一种方法是查看每个 ATT&CK 技术列出的数据源，这些数据源描述了给定技术的数据类型（见图 6-15）。

图 6-15　查看系统信息发现（System Information Discovery）技术的数据源

以下几个数据源在检测分析方面很有价值。

1）进程和处理命令行监控：经常由 Sysmon、Windows 事件日志和许多 EDR 平台搜集。

2）文件和注册表监控：也经常由 Sysmon、Windows 事件日志和许多 EDR 平台搜集。

3）认证日志：比如通过 Windows 事件日志收集到的域控制器上的认证信息。

4）数据包捕获：特别是东西向流量捕捉，比如收集内网主机之间的通信，由传感器（如 Zeek 之类）捕获。

在知道有哪些数据的前提下，将需要收集的数据采集到某种搜索平台以进行运行分析，比如安全管理中心（SIEM）。对于给定终端进程的监控数据，CAR-2016-03-002 是一个很好的入门级分析存储库，通过它可以找到 Windows 管理规范（WMI）在远程系统上执行命令的用法，这是 Windows 管理工具描述的一种常见的对手使用的技术，如图 6-16 所示。

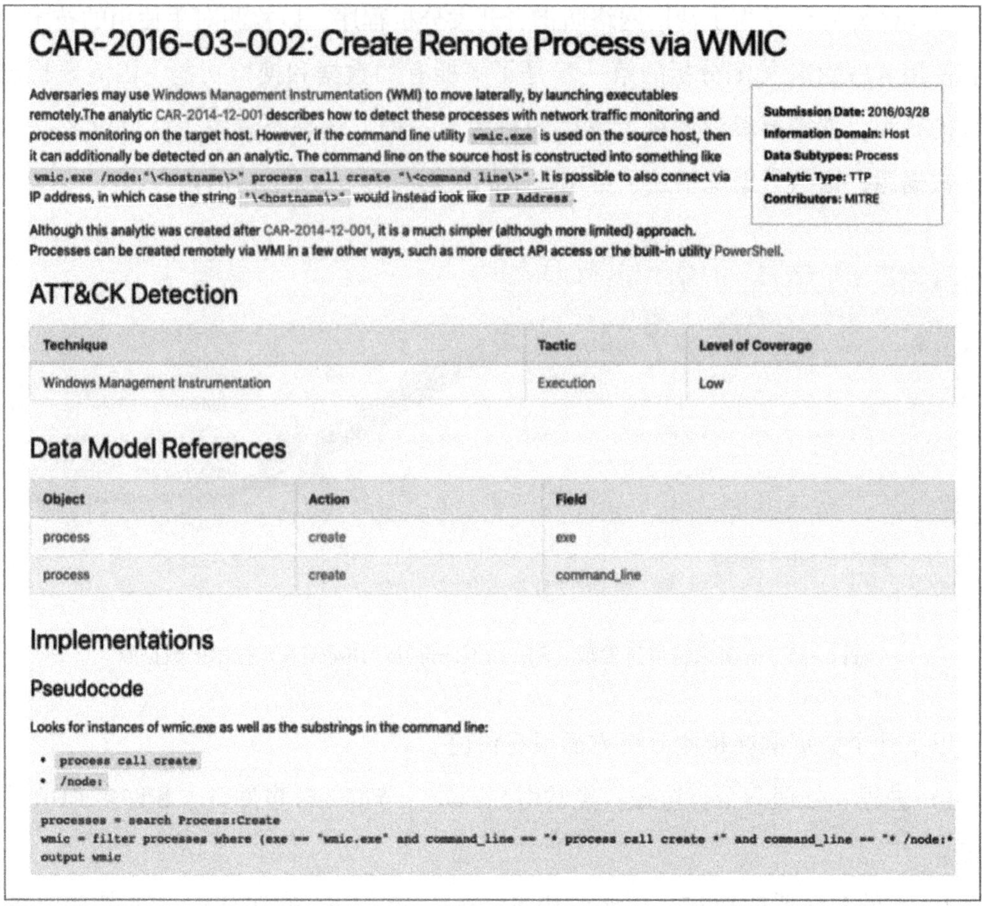

CAR-2016-03-002: Create Remote Process via WMIC

Adversaries may use Windows Management Instrumentation (WMI) to move laterally, by launching executables remotely.The analytic CAR-2014-12-001 describes how to detect these processes with network traffic monitoring and process monitoring on the target host. However, if the command line utility wmic.exe is used on the source host, then it can additionally be detected on an analytic. The command line on the source host is constructed into something like wmic.exe /node:"\<hostname\>" process call create "\<command line\>" . It is possible to also connect via IP address, in which case the string "\<hostname\>" would instead look like IP Address .

Submission Date: 2016/03/28
Information Domain: Host
Data Subtypes: Process
Analytic Type: TTP
Contributors: MITRE

Although this analytic was created after CAR-2014-12-001, it is a much simpler (although more limited) approach. Processes can be created remotely via WMI in a few other ways, such as more direct API access or the built-in utility PowerShell.

ATT&CK Detection

Technique	Tactic	Level of Coverage
Windows Management Instrumentation	Execution	Low

Data Model References

Object	Action	Field
process	create	exe
process	create	command_line

Implementations

Pseudocode

Looks for instances of wmic.exe as well as the substrings in the command line:

- process call create
- /node:

```
processes = search Process:Create
wmic = filter processes where (exe == "wmic.exe" and command_line == "* process call create *" and command_line == "* /node:*
output wmic
```

图 6-16　CAR-2016-03-002 的技术分析

2. 威胁情报（Threat Intelligence）

ATT&CK 是在用一种标准方式来描述对抗行为，其为分析人员提供了一种通用语言来构造、比较和分析威胁情报，这对于网络威胁情报分析很有用。ATT&CK 能够根据攻击者已利用的 ATT&CK 中的技术和战术来跟踪攻击主体，从而为防御者提供了一张路线图，防御者可以对照自己的操作控制措施，查看对某些攻击主体而言，自己在哪些方面有弱点，在哪些方面有优势。针对特定的攻击主体，还可以创建 MITRE ATT&CK 导航工具内容，观察环境中的防御者对这些攻击主体或组织的优势和劣势。

ATT&CK 提供了将近 70 个攻击主体和组织的详细信息，图 6-17 给出威胁情报对应到 ATT&CK 模型的样例，通过威胁情报信息可以推知攻击主体所使用的技术和工具。

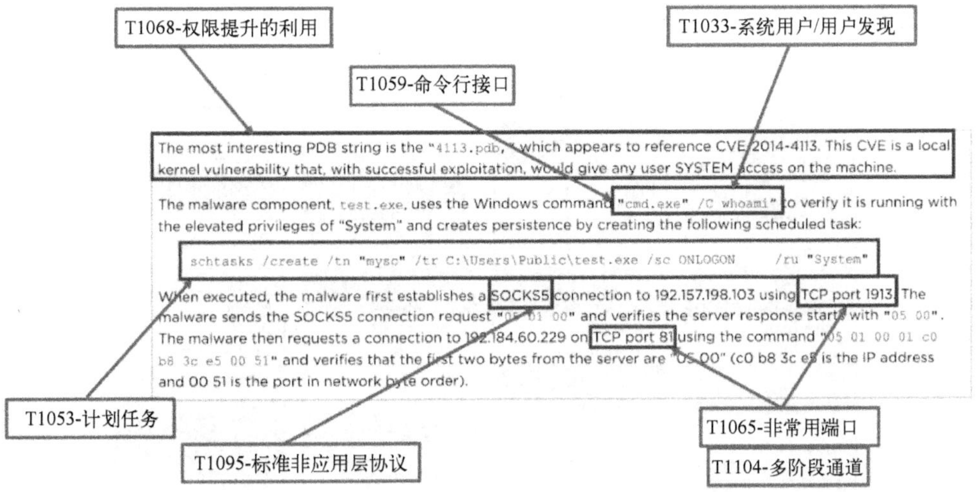

图 6-17　FireEye 的威胁情报对应到 ATT&CK 模型

使用 ATT&CK 的通用语言，可以为情报的创建过程提供便利，这不仅适用于攻击主体和组织，也适用于从安全运维中心（SOC）或事件响应活动中观察到的行为，还可以通过 ATT&CK 介绍恶意软件的行为。任何支持 ATT&CK 的威胁情报工具都可以简化情报创建过程，将 ATT&CK 应用于任何行为的商业和开源情报也会有助于保持情报的一致性。当各方围绕对抗行为使用相同的语言时，容易将情报传播给运维人员或管理人员。如果运营人员确切地知道什么是强制验证，并且在情报报告中看到了这一信息，则他们可确切知道应该对该情报采取什么措施或已经采取了哪些控制措施，以这种方式实现 ATT&CK 对情报产品介绍的标准化，可以大大提高效率并确保达成共识。

3. 对手模拟（Adversary Emulation）

ATT&CK 提供了一种通用语言和框架，攻击模拟团队可以使用该语言和框架来模拟特定威胁并计划其行动。这里的对手模拟（Adversary Emulation）往往是由红队（Red Team）来扮演假想的对手（如某个 APT 组织或者某个勒索木马），并且以对手的攻击战术和技术来对系统进行攻击渗透。红队渗透与普通的渗透测试不同，普通渗透测试是在授权的前提下以发现漏洞为目标的渗透行为，而红队渗透则更接近对手行为，往往隐蔽，绕过检测，保持不被发现并以最终完全控制系统为目标。

ATT&CK 可用于创建对抗性模拟场景，测试和验证针对常见对抗技术的防御方案。比较常见的场景就是标记红蓝对抗的攻守情况，由此可以一目了然地发现安全差距，以便于安全改进。图 6-18 给出了对抗性模拟攻击场景实例。

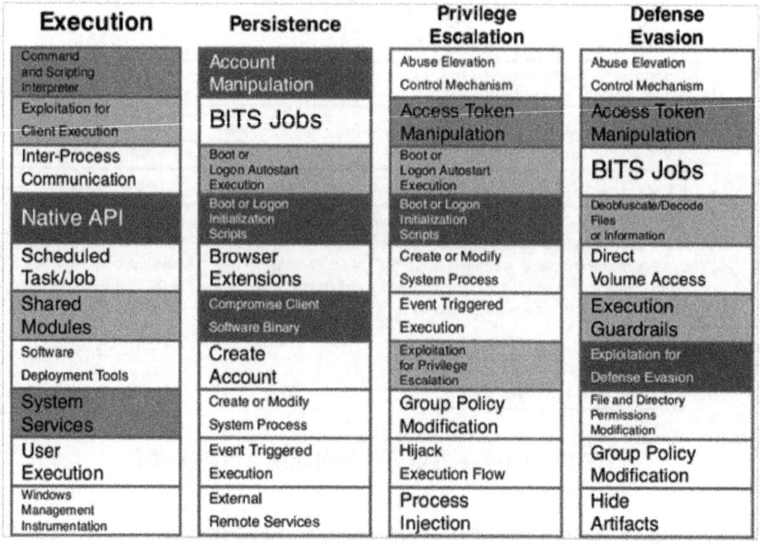

图 6-18　ATT&CK 矩阵展示对抗性模拟攻击场景实例

4. 评估与工程（Assessment and Engineering）

ATT&CK 可以用作以行为为核心的常见对抗模型，以评估组织企业内现有防御方案中的工具、监视和缓解措施。针对 ATT&CK 矩阵中的技术，评估企业能够监视覆盖的范围，进一步找出差距并对差距进行优先级排序，最后根据差距排序结果调整防御措施，具体的评估与工程流程如图 6-19 所示。

图 6-19　ATT&CK 的评估与工程流程

ATT&CK 模型可以评估防御措施的覆盖范围、识别出高优先级的安全差距、调整防御措施或获取新的信息防御方法，以上介绍的四种典型应用场景之间的关系如图 6-20 所示。

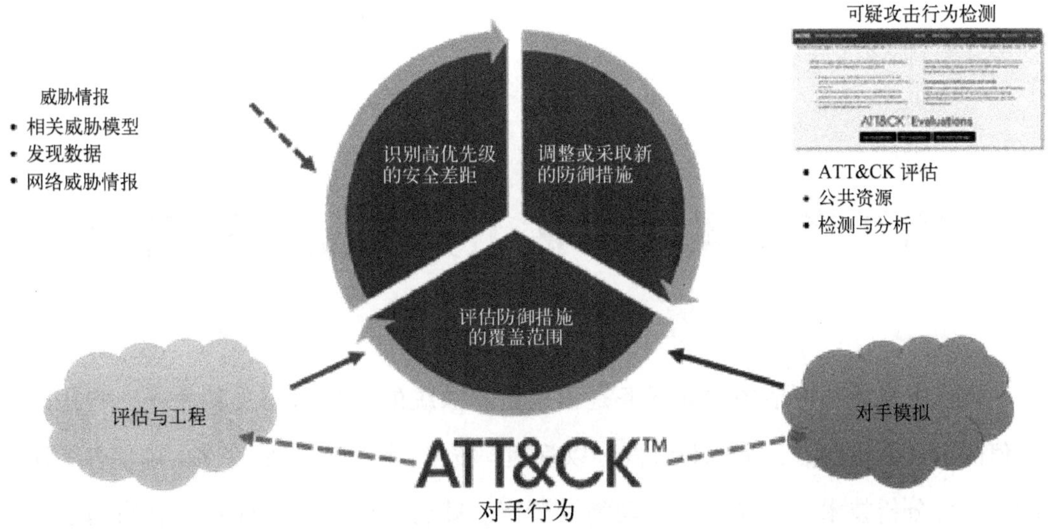

图 6-20　ATT&CK 各应用场景之间的关联

习题

（1）ATT&CK 的设计思想是什么？

（2）简述 ATT&CK 与杀伤链模型之间的关系。

（3）TTP 在 ATT&CK 矩阵当中是如何体现的？

（4）ATT&CK 模型有哪些典型应用场景？

（5）总结 ATT&CK 在进行检测和分析时所使用的工具和步骤。

第 7 章　风险评估工具及漏洞知识库

信息安全风险评估的主要任务是识别信息系统的安全风险及其大小，它是以有价值的资产为出发点，由威胁触发，以管理、技术、运行等方面存在的脆弱性为诱因的综合性分析技术。风险评估活动涉及资产、威胁、漏洞以及现有控制措施这四大要素的识别与评估，以及基于风险要素评估结果的风险计算。总的来说，风险评估分析涉及的要素多，而且要素之间存在多对多的复杂映射关系，离不开相关辅助工具及漏洞知识库的支撑。

本章将介绍现有的风险评估工具（COBRA 和 CORAS）、网络安全等级测评作业工具，以及国内外漏洞知识库/平台（包括 CVE、CVSS、CNVD 和 CNNVD）。

7.1　概述

信息安全漏洞指信息系统中存在的安全隐患、后门或缺陷，在安全界被公认为是引发网络安全问题的主要原因。黑客利用安全漏洞可在信息系统中植入恶意代码、实施拒绝服务攻击、发送垃圾邮件等，导致用户遭遇勒索、网银账号被盗、系统服务拒绝、垃圾邮件泛滥等问题，严重影响个人与企业的信息安全，甚至给社会安全、国家安全造成严重威胁。

目前，世界各国已经开展了威胁情报分析、风险评估、信息安全漏洞的统一收集和发布等工作，并开发了相应的评估工具。比如 COBRA 和 CORAS。在美国，国土安全部和 US-CERT 共同建立了美国的国家漏洞库（NVD）；在日本，应急响应组织（JPCERT/CC）建立了日本的国家漏洞库（JVN）；我国也建立了国家信息安全漏洞共享平台（China National Vulnerability Database，CNVD），为大量重要漏洞信息的上报提供了途径，同时方便国内关系国计民生的重要信息系统用户和广大互联网用户第一时间得知权威的漏洞信息。

7.2　风险评估工具

信息安全风险评估工具是信息安全风险评估的辅助手段，是保证风险评估结果可信度的一个重要因素。信息安全风险评估工具的使用不但在一定程度上解决了手动评估的局限性，最主要的是它能够将专家知识进行集中，使专家的经验知识被广泛应用。

根据在风险评估过程中的主要任务和作用原理的不同，风险评估工具可以分成以下三类。

（1）风险评估与管理工具

风险评估与管理工具大部分是基于某种标准方法或某组织自行开发的评估方法，它是一个集成了风险评估等知识和判据的管理信息系统，能够实现风险评估过程和操作方法的规范化。通过收集评估所需要的数据和资料，并基于专家经验对输入和输出进行模型分析，对输入数据进行风险分析，给出对风险的评价并推荐控制风险的安全措施。

风险评估与管理工具通常建立在一定的模型或算法之上，风险由重要资产、所面临的威胁以及威胁所利用的脆弱性三者来确定；也有的通过建立专家系统，利用专家经验进行分析，给出专家结论。此类工具实现了对风险评估全过程的实施和管理，一般包括被评估信息系统基本信息获取、资产信息获取、脆弱性识别与管理、威胁识别、风险计算、评估过程与评估结果管理等功能。评估的方式可以通过问卷的方式，也可以通过结构化的推理过程，建立模型，输入相关信息，得出评估结论。通常，这类工具在对风险进行评估后都会有针对性地提出风险控制措施。这种评估工具的问题在于需要不断进行知识库的扩充。

（2）系统基础平台风险评估工具

系统基础平台风险评估工具包括脆弱性扫描工具和渗透性测试工具，一般用于对信息系统的主要部件（如操作系统、数据库系统、网络设备等）的脆弱性进行分析，或实施基于脆弱性的攻击。

脆弱性扫描工具又称为安全扫描器、漏洞扫描仪等，主要用于识别网络、操作系统、数据库系统的脆弱性。通常情况下，这些工具能够发现软件和硬件中已知的脆弱性，以决定系统是否易受已知攻击的影响。脆弱性扫描工具是目前应用最广泛的风险评估工具，可以实现操作系统、数据库系统、网络协议、网络服务等的安全脆弱性检测，目前常见的脆弱性扫描工具有以下几种类型。

1）基于网络的扫描器：在网络中运行，能够检测如防火墙错误配置或连接到网络上的易受攻击的网络服务器等关键漏洞。

2）基于主机的扫描器：发现主机的操作系统、特殊服务和配置的细节，发现潜在的用户行为风险（如密码强度不够），也可实施对文件系统的检查。

3）分布式网络扫描器：由远程扫描代理、对这些代理的即插即用更新机制、中心管理点三部分构成，用于企业级网络的脆弱性评估，可分布于不同的位置、城市甚至不同的国家。

4）数据库脆弱性扫描器：对数据库的授权、认证和完整性进行详细的分析，也可以识别数据库系统中潜在的脆弱性。

渗透性测试工具会根据脆弱性扫描工具的扫描结果进行模拟攻击测试，从而判断被非法访问者利用的可能性。渗透性测试的目的是检测已发现的脆弱性是否真的会给系统或网络带来影响。通常渗透性工具与脆弱性扫描工具一起使用，并且有可能会对被评估系统的运行带来一定影响。

（3）风险评估辅助工具

在风险评估过程中，可以利用一些辅助性的工具和方法来采集数据，帮助完成现状分析和趋势判断，为风险评估中各要素的赋值和定级提供依据。常见的风险评估辅助工具有以下几种。

1）检查列表：检查列表是基于特定标准或基线而建立，针对特定系统进行审查的项目条款。通过检查列表，操作者可以快速定位系统目前的安全状况与基线要求之间的差距。

2）入侵检测系统：入侵检测系统通过部署检测引擎，收集和处理整个网络中的通信信息，以获取可能对网络或主机造成危害的入侵攻击事件；帮助检测各种攻击试探和误操作；同时，也可以作为一个警报器，提醒管理员发生的安全状况。

3）安全审计工具：用于记录网络行为，分析系统或网络安全现状；它的审计记录可以作为风险评估中的安全现状数据，并可用于判断被评估对象威胁信息的来源。

4）拓扑发现工具：通过接入点接入被评估网络，完成被评估网络中的资产发现功能，并提供网络资产的相关信息，包括操作系统版本、型号等。拓扑发现工具主要是自动完成网络硬件设备的识别、发现功能。

5）资产信息收集系统：通过提供调查表形式，完成被评估信息系统数据、管理、人员等资产信息的收集功能，了解组织的主要业务、重要资产、威胁、管理上的缺陷、采用的控制措施和安全策略的执行情况。此类系统主要采取电子调查表形式，需要被评估系统的管理人员参与填写，并自动完成资产信息获取。

下面将介绍两个典型的风险评估工具。

7.2.1 COBRA

COBRA（Consultive，Objective and Bi-functional Risk Analysis）是英国的 C&A 系统安全公司（C&A Systems Security Ltd）推出的一套风险分析工具软件，提供咨询性质的、客观的、具有双重功能的风险分析。COBRA 是一个基于知识的定性风险评估工具，它由问卷构建器、风险测量器、结果生成器 3 部分组成。事实上，COBRA 的运作其实相当于一个基于专家系统和知识库的问卷调查系统，其主要依据 ISO 17799 进行风险评估，将 ISO 17799 的各个标准和控制进行细化和具体化，形成用于风险评估的知识库，并将知识库组织成问卷的形式展现在评估用户界面。COBRA 1 于 1991 年推出，用于风险管理评估。随着 COBRA 的发展，目前的产品不仅仅具有风险管理功能，还可以用于评估是否符合 BS 7799 标准、是否符合组织自身制定的安全策略。COBRA 系列工具包括风险咨询工具、ISO 17799/BS7799 咨询工具、策略一致性分析工具、数据安全性咨询工具，为用户提供了一种独特的商务化用户界面，使得分析评估过程可以完全由系统内部的人员完成，而这些人员并不一定要是评估领域的专业人员。基于 ISO 17799/BS 7799 的在线评估系统界面如图 7-1 所示。

评估者在对某个系统进行评估的时候，只需要在知识库中挑选特定的问卷模块，然后根据被评估系统的实际情况做出回答，系统则负责收集这些答案，自动为被评估系统做出一个风险评估的报告。COBRA 通过问卷的方式来采集和分析数据，并对组

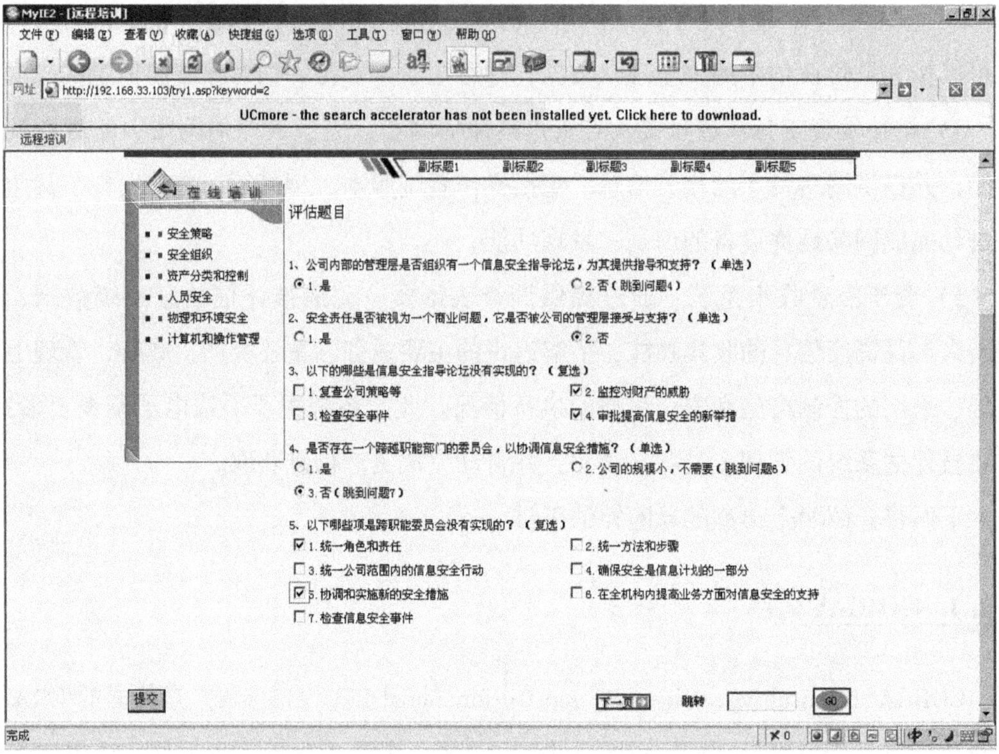

图 7-1 基于 ISO 17799/BS 7799 的在线评估系统界面图

织的风险进行定性分析，最终的评估报告中包含已识别风险的水平和推荐措施。运用 COBRA 进行风险评估的工作机理如图 7-2 所示，具体分成以下三步。

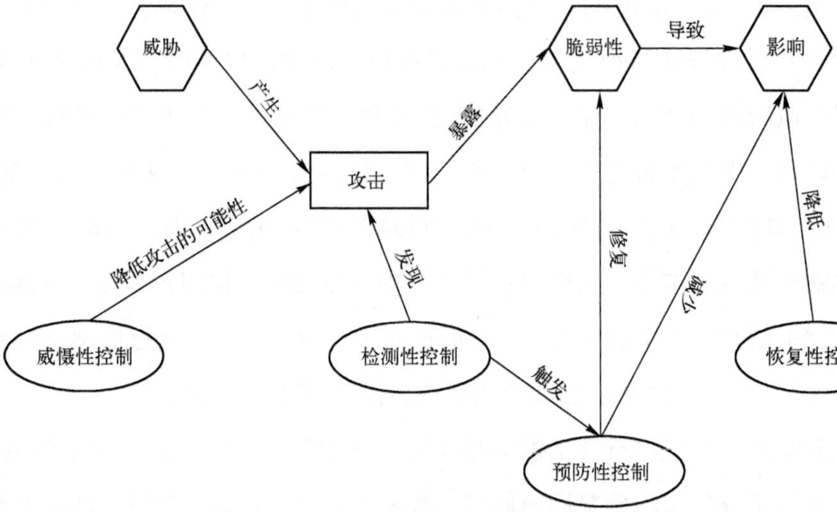

图 7-2 COBRA 工作机理图

1）建立问卷：即评估者在知识库中选择特定的问卷模块，每个模块包含一个特定领域的风险或者一个特定的风险类，即某一个安全威胁的来源。

2）风险调查：也就是评估者回答问题阶段。

3）生成报告得出评估结果：即针对每类风险形成文字评估报告、风险等级（得分），所指出的风险自动与给系统造成的影响相联系。

📖 COBRA 支持基于知识的评估方法，可以将组织的安全现状与 ISO 17799 标准相比较，从中找出差距，提出弥补措施。访问 http://www.security-risk-analysis.com/cobdown.htm 可下载 COBRA 试用版。

7.2.2 CORAS

2001 年 1 月，希腊、德国、英国、挪威等国的多家商业公司和研究机构共同组织开发了一个名为 CORAS 的项目，即安全关键系统的风险分析平台。该项目旨在开发一个基于面向对象建模，特别是统一建模语言（Unified Modeling Language，UML）的风险评估框架，它的评估对象是对安全要求很高的一般性系统，特别是 IT 系统的安全。CORAS 考虑到技术、人员以及所有与组织安全相关的方面，通过 CORAS 风险评估，组织可以定义、获取并维护 IT 系统的保密性、完整性、可用性、抗抵赖性、可追溯性、真实性和可靠性。

（1）CORAS 的整体框架

基于 UML 的 CORAS 框架把风险分析技术和系统建模方法结合起来，该框架由术语、库、方法论和工具四部分组成，其框架图如图 7-3 所示。

1）术语：定义 CORAS 相关的概念，包括安全术语、风险分析术语和系统文档术语。术语部分使安全术语、风险分析术语及系统文档术语一体化，其主要来源是基于 CORAS 的风险管理过程的标准。其中，安全术语来源于 ISO/IEC 13335 和 IEC 61508，风险分析术语来源于 AS/NZS 4360，系统文档术语则来源于开放分布式过程（RM-ODP）的模型。

2）库：分为实体、存储结构、分级系统和一致性约束，定义能被存储在库中的实体类型存储的结构和通过库构建的分级系统的类型。库包含 UML 模型和其他文

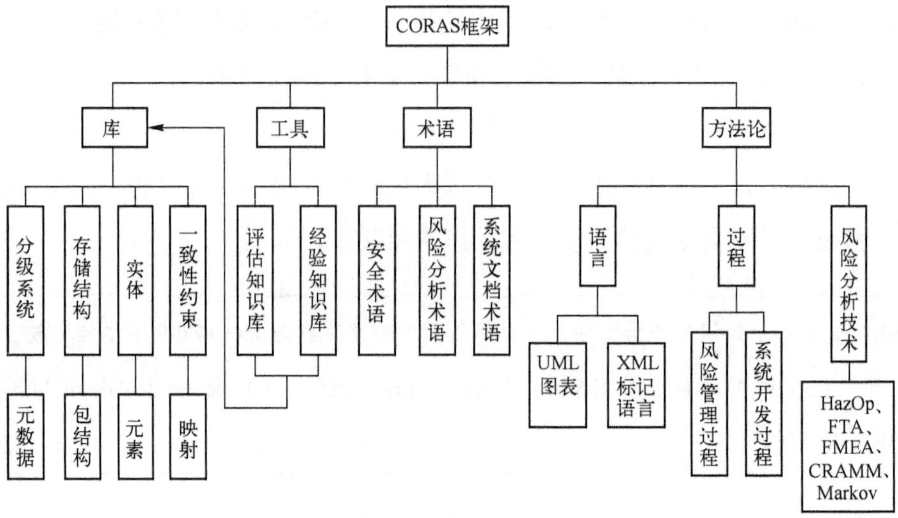

图 7-3　CORAS 框架图

档，它们存储在特别的包结构中，并通过它的元数据进行分类。另外，一致性约束可以确保多种数据元素在更新时仍然保持一致性。

3）方法论：由风险分析技术、过程和语言组成，语言定义了用来支持方法的语言，过程包含风险管理过程和系统开发过程，风险分析主要是所使用的风险分析技术，如 HazOp、FMEA 和 FTA 等。

4）工具：包括两个知识库，一个是用来存储以往评估知识的经验知识库，另一个则是用来存储正在进行评估分析结果的评估知识库。

CORAS 的信息安全风险评估框架可以概括如下。首先，利用 UML 对要分析的对象进行建模，在建模过程中，查看库中是否存在与以前类似的数据，如果有，则可以参考借鉴，这是可重用的好处；如果没有，就对分析对象建立新的模型，并存储到库中。然后，通过 CORAS 框架中的风险分析技术，用 HazOp、FTA 和 FMEA 等方法对模型进行风险分析。最后，通过工具来对信息安全风险进行计算评估。

（2）CORAS 的风险管理过程

CORAS 的风险管理过程基于 AS/NZS 4360 标准，该标准把风险管理过程分为环境建立、风险识别、风险分析、风险评估和风险处理 5 个子过程，它们之间的关系如图 7-4 所示。

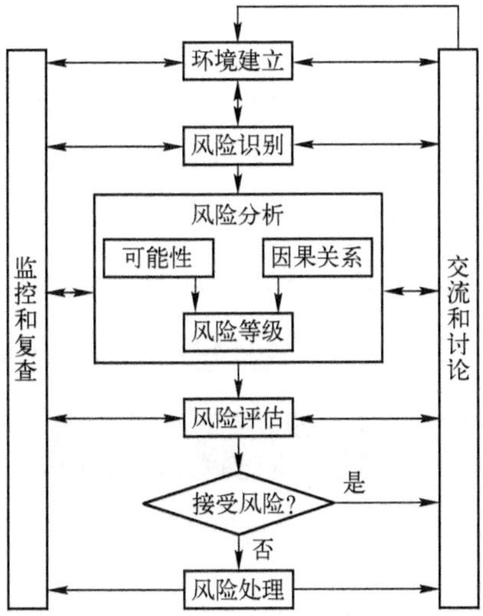

图 7-4　基于 CORAS 框架的风险管理过程

环境建立是确立要评估的资产，风险识别是对资产相对应的风险进行识别，风险分析是对已经识别出来的风险进行分析，并确定风险发生的可能性和风险等级。风险评估是计算风险值，如果系统可以接受风险，则不需要改进系统，也就是不需要对风险进行处理；如果系统不接受风险 ，则需要对系统风险进行处理。

与传统的定性和定量分析类似，CORAS 风险评估沿用了识别风险、分析风险、评价并处理风险这样的过程，但其度量风险的方法则完全不同，所有的分析过程都是基于面向对象的模型来进行的。CORAS 的优点在于：提高了对安全相关特性描述的精确性，改善了分析结果的质量；图形化的建模机制便于沟通，减少了理解上的偏差；加强了不同评估方法互操作的效率。

7.3　网络安全等级测评作业工具

本节介绍的网络安全等级保护测评作业工具（标准版）由公安部信息安全等级保护评估中心指导，上海市信息安全测评认证中心研发，以下简称“测评能手”，作为系统测评和监督检查的辅助工具，将等级测评业务真正能够落到实处。测评能手依据《信息安全技术　网络安全等级保护定级指南》（GB/T 22240—2020）和《信息安全技术　网络安全等级保护基本要求》（GB/T 22239—2019），融合等级保护专家对测评业务的理解及测评项目实践，在信息安全等级保护测评工作中起到了重要作用，大大减少了测评人员的工作量，提高了项目管理效率及报告质量，成为测评单位的有力保障和依托，有效提高了测评机构的测评水平、工作效率、自动化程度和测评业务的可持续性。

测评能手的每个测评项目都有如下几个功能模块：项目概述、系统构成、现场核查、整体测评、风险分析和评价、总体评价以及报告生成，如图 7-5 所示。

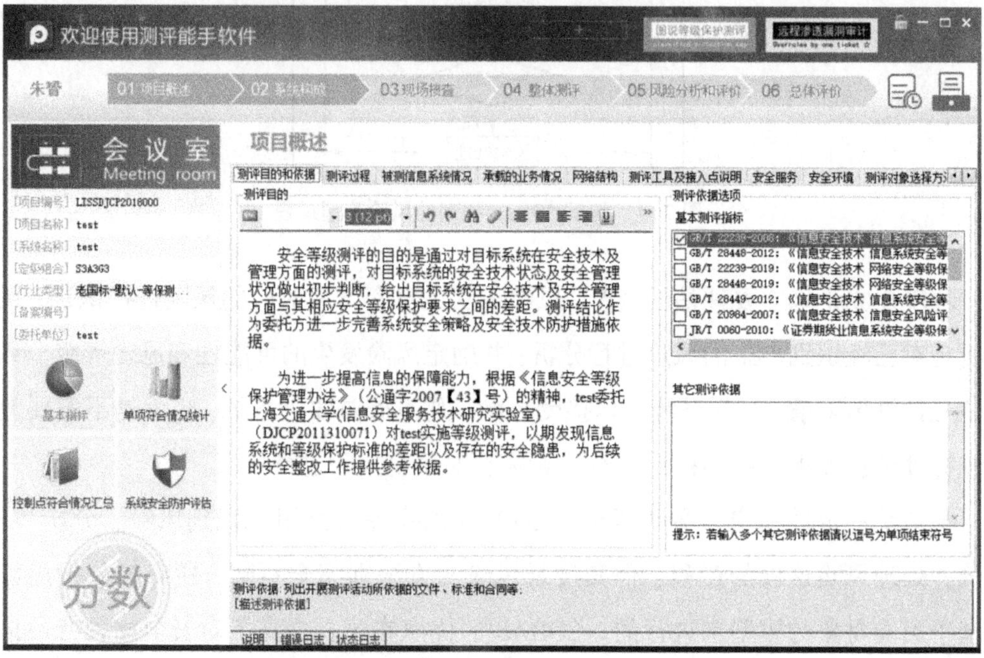

图 7-5　测评能手的功能模块

1）项目概述：主要包括测评项目建立、测评过程规划、系统信息导入、测评工具及扫描接入点选择、测评指标确认等内容。

2）系统构成：包括测评系统的物理、区域边界、网络设备、安全设备、服务器/存储设备、数据库、业务应用软件和安全管理等方面的内容及被测对象的选取。

3）现场核查：从安全物理环境、安全区域边界、安全通信网络、安全计算环境、安全管理中心、安全管理制度、安全管理机构、安全管理人员、安全建设管理、安全运维管理这 10 个方面记录现场测评结果。

4）整体测评：以单项测评指标的结果为基础，从安全控制措施、层面和区域进行整体测评分析，考虑不同安全控制措施、不同层面及不同区域的相互弥补作用，以调整单项测评的风险值。

5）风险分析和评价：以系统的风险知识库为基础，对于测评发现的问题进行风险分析，提供关联资产的安全问题、威胁分析、风险等级及整改措施。

6）总体评价：对被测评系统的安全整体进行评价，给出不同安全控制类别的指标符合率、不符合率统计，并提供测评结论。测评能手总体评价样例如图 7-6 所示。

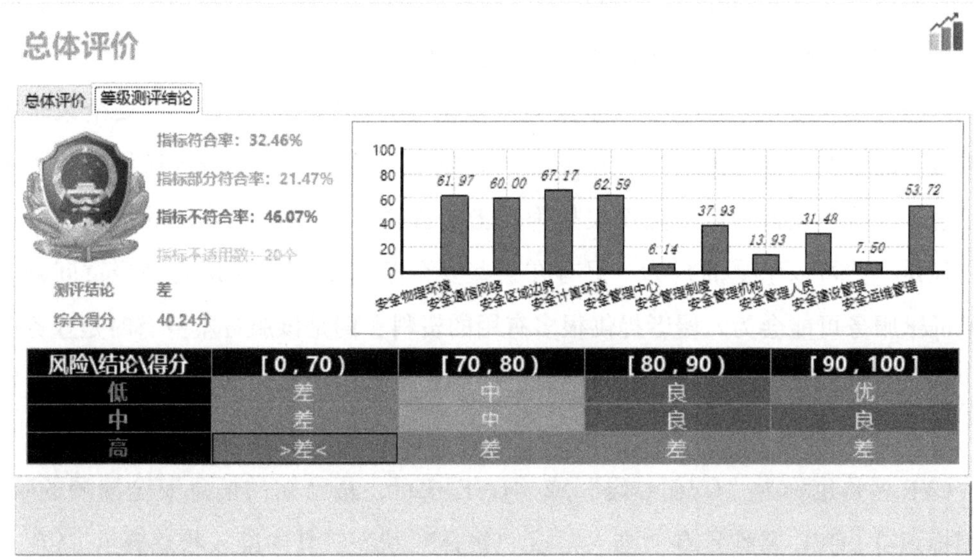

图 7-6　测评能手总体评价样例

7）报告生成：在完成上述 6 个模块的所有工作之后，测评能手将根据报告模板自动生成等级保护测评报告。

7.4　国外漏洞知识库

7.4.1　通用漏洞与纰漏（CVE）

通用漏洞与纰漏（Common Vulnerabilities and Exposures，CVE）是国际上一个著名的漏洞知识库，它能够对漏洞与纰漏进行统一标识，使得用户和厂商对漏洞与纰漏有统一的认识，从而更加快速而有效地去鉴别、发现和修复软件产品的脆弱性。CVE 是一个由企业界、政府界和学术界综合参与的国际组织，通过非盈利的组织形式解决安全产业中存在的安全漏洞与系统缺陷等安全问题，使得入侵检测和漏洞扫描产品知识库的交叉引用、协同工作、信息共享成为可能。下面给出 CVE 中涉及的三个基本概念：漏洞与纰漏、CVE 名称、CVE 特点。

（1）基本概念

漏洞（Vulnerability）：在所有合理的安全策略中都被认为是有安全问题的情况，称之为漏洞（Vulnerability），漏洞可能导致攻击者以其他用户身份运行，从而突破访问限制转攻另一个实体，或者导致拒绝服务攻击等。

纰漏（Exposure）：在一些安全策略中被认为有问题，而在另一些安全策略中可以被接受的情况，称之为纰漏（Exposure）。纰漏可能仅仅让攻击者获得一些边缘性的信息，隐藏一些行为；可能仅仅是为攻击者提供了一些尝试攻击的可能性；也可能仅仅是一些可以忍受的行为，只有在某些安全策略下才会被认为是严重问题。比如 Finger 服务可能会为入侵者提供很多有用的资料，但是该服务本身有时是业务必不可少的，不能说该服务本身有安全问题，因此宜定义为纰漏而非漏洞。

（2）CVE 名称

CVE 名称也称为“CVE 号码”或“CVE-ID”，是已知的信息安全漏洞的唯一、常用标识符。CVE 名称具有“准入”或“候选”状态，其中准入状态表示 CVE 名称已被接受并纳入 CVE 列表，候选状态（也称为“候选号码”或“CAN”）表示该名称正在审查以决定是否列入列表中。每个 CVE 名称包括下列组成部分：

1）名称（Name）：CVE 标识号，即“CVE-1999-0067”。

2）状态（Status）：指出“准入”或“候选”状态。

3）概要（Summary）：简要描述安全漏洞或隐患。

4）引用（Reference）：任何相关的参考，如微软漏洞报告和咨询意见或 OVAL-ID。

以下是关于 CVE-2004-0571 的部分相关信息。

Name：*CVE*-2004-0571

Status：*Candidate*

Summary：*Microsoft Word for Windows* 6.0 *Converter does not properly validate certain data lengths*, *which allows remote attackers to execute arbitrary code via a .wri*, *.rtf*, *and*

. doc file sent by email or malicious web site, aka "Table Conversion Vulnerability," a different vulnerability than CVE-2004-0901.

Reference：*MS*：*MS*04-041

Reference：*OVAL*:*oval*:*org. mitre. oval*:*def*:4328

Reference：*URL*:*https*://*oval. cisecurity. org/repository/search/definition/oval%* 3*Aorg. mitre. oval%*3*Adef%*3*A*4328

Reference：*OVAL*:*oval*:*org. mitre. oval*:*def*:685

Reference：*URL*:*https*://*oval. cisecurity. org/repository/search/definition/oval%* 3*Aorg. mitre. oval%*3*Adef%*3*A*685

Reference：*XF*:*win-converter-table-code-execution*(18337)

Reference：*URL*:*https*://*exchange. xforce. ibmcloud. com/vulnerabilities/*18337

（3）CVE 特点

CVE 给出漏洞以及其他信息安全纰漏的标准化名称，其目的是将所有已知漏洞和安全风险的名称标准化，具有如下特点。

1）为每个漏洞和纰漏确定了唯一的标准化名称。

2）采用统一的语言给每个漏洞和纰漏一个标准化的描述，可以使安全事件报告被更好地理解，从而更好地实现协同工作。

3）CVE 不是一个数据库，而是一本字典，其目的是有利于在各个漏洞数据库和安全工具之间发布数据。CVE 使得在其他数据库中搜索信息变得更简便。

4）任何不同的漏洞库都可以用同一种语言表述。

7.4.2　通用漏洞打分系统（CVSS）

通用漏洞评分系统（Common Vulnerability Scoring System，CVSS）是一个行业公开标准，它通过一个合理的算法来计算漏洞的量化值，用于评测漏洞的严重程度，并帮助确定所需反应的紧急度和重要度。CVSS 是美国基础设施顾问委员会（NIAC）提出的一个漏洞评估系统，现在由事件响应与安全组织论坛（FIRST）进行维护。CVSS 是一个开放的并且能够被各种产品厂商免费采用的行业标准，美国国土安全部在 2005 年最早公布了 CVSS，随后在 2007 年由 FIRST 发布了更高的版本 CVSS 2.0。

由于 CVSS 的开放性、免费性和权威性，一经推出就得到了美国政府和 IT 界代表的广泛支持，包括 Cisco、HP、Oracle 和 IBM 等计算机业界大牌厂商的拥护，CVSS 渐渐地在全球计算机系统安全漏洞评估领域成为主流的行业标准。CVSS 是安全内容自动化协议（SCAP）的一部分，与 CVE 一同由美国国家漏洞库（NVD）发布并保持数据的更新。下面介绍 CVSS 的漏洞严重度计算方法及优缺点分析。

（1）漏洞严重度计算方法

CVSS 从三个角度对安全漏洞进行分析评估，最终得到一个在 1 到 10 之间的数值，从而代表了该漏洞的总体威胁程度，数值越大，风险越大，这使得对安全漏洞的判断变得更加直观和容易理解。CVSS 由基本标准群、时间标准群和环境标准群这三个度量标准群组成，如图 7-7 所示。

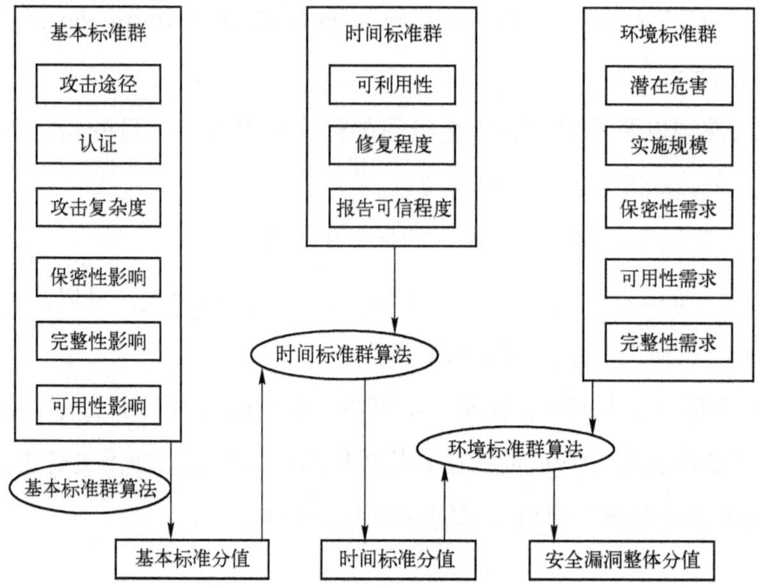

图 7-7　CVSS 标准群

1）基本标准群：指漏洞的内在品质，是安全漏洞根本、固有的属性，包括攻击途径、攻击复杂度、认证、保密性影响、完整性影响和可用性影响等 6 方面内容。这些品质在一段时间内以及在整个用户环境中都是恒定的，不会因时间的长短或者软件环境的变化而发生改变，是评估首要考虑的属性指标。

2）时间标准群：反映的是随时间变化的漏洞特征，即和时间紧密相关的一些安全评价指标，包括安全漏洞的可利用性、修复程度和安全漏洞报告可信程度。这里主要考虑到在软件的一个生命周期中，安全漏洞分为产生、发现、公开、修复和消亡共五个阶段，攻击者可以在安全漏洞的任何生命阶段对其加以利用，但是同一漏洞在不同时期被利用所带来的风险和造成的危害是不同的。

3）环境标准群：指用户漏洞的特征环境，包括可能的潜在危害、实施规模、保密性需求、完整性需求和可用性需求。这主要是因为网络互联和复杂环境使得软件的安全更加难以得到保障，用户在不同的环境下运行同一款软件可能会带来不同的安全故障和风险威胁。

CVSS 的评分过程分步进行，先通过基本标准群的度量属性值得出一个基本群的分数，然后将此分数作为时间标准群计算公式的输入，得到的分数再输入到环境标准群的计算公式中，综合计算出一个最终的安全漏洞的等级分值。一般情况下，由软件厂商和安全产品供应商提供安全漏洞的基本度量分数和实效性评估群的因子，用户需要根据特定的环境来完成对环境指标群的评估和计算。

（2）CVSS 的优点

CVSS 作为一个统一的评估方法代替了先前各个厂商专用的评估方法，相当于提供了一种通用的语言来描述所有安全漏洞的严重危害性，使安全漏洞的严重等级定义在安全领域中得到了广泛应用，兼容性良好。CVSS 避免了大多数漏洞评估所采用的分级方式：将漏洞的危害分为“严重”“轻微”等定性等级用语，存在模糊、不具体、不精确的缺陷。CVSS 标准对每一个安全漏洞属性进行分析，最终通过合理的算法得出一个量化评估值，提供具体直观的漏洞分值，使得安全产品提供商可以根据该体系对产品漏洞进行安全评估，得出所有漏洞严重性的高低排序，从而为软件的修复工作提供了优先级参考。另外，CVSS 度量指标和公式的完全开放性，也有助于用户及厂商借鉴其方法，根据自身特殊的需求对自己的安全产品进行更加完善的分析。

（3）CVSS 的缺点

CVSS 融合漏洞基本属性、时间及环境因素，提出了一种漏洞严重度计算方法，但是评分取值还是不够细化。此外，CVSS 标准没有考虑攻击者同时利用多个漏洞进行攻击的情况，即未考虑安全漏洞之间的潜在连锁关系，这种情况对软件产生的危害程度可能会比利用单一漏洞要大得多。

7.5 国家信息安全漏洞共享平台（CNVD）

国家信息安全漏洞共享平台（China National Vulnerability Database，CNVD）是由国家计算机网络应急技术处理协调中心联合国内重要信息系统单位、基础电信运营商、网络安全厂商、软件厂商和互联网企业建立的国家网络安全漏洞库，其主要目标是与国家政府部门、重要信息系统用户、运营商、主要安全厂商、软件厂商、科研机构、公共互联网用户等共同建立软件安全漏洞的统一收集验证、预警发布及应急处置体系，切实提升我国在安全漏洞方面的整体研究水平和及时预防能力，进而提高我国信息系统及国产软件的安全性，带动国内相关安全产品的发展。

建立整套的漏洞收集、分析验证、预警发布及应急处置体系将是漏洞共享平台共建工作的重点，让广大的信息系统用户及时获知其系统的安全威胁，及时安装补丁进行漏洞修补。当前的 CNVD 主要包含应用漏洞和行业漏洞，具体如图 7-8 所示。

应用漏洞	行业漏洞
• 操作系统	• 电信
• 应用程序	• 移动互联网
• Web应用	• 工控系统
• 数据库	• 区块链
• 网络设备（交换机、路由器等网络端设备）	
• 安全产品	
• 智能设备（物联网终端设备）	
• 区块链公链	
• 区块链联盟链	
• 区块链外围系统	

图 7-8　CNVD 漏洞集合

CNVD 不仅可以提供漏洞信息、补丁信息、安全公告，还能根据漏洞产生原因、漏洞引发的威胁、漏洞严重程度、漏洞利用的攻击位置、漏洞影响对象类型等信息，对已收集的漏洞信息进行统计趋势分析。图 7-9～图 7-12 分别为截止到 2020 年 6 月 3 号从漏洞产生原因、漏洞影响对象类型、漏洞引发的威胁以及一年时间跨度的漏洞数量趋势图。

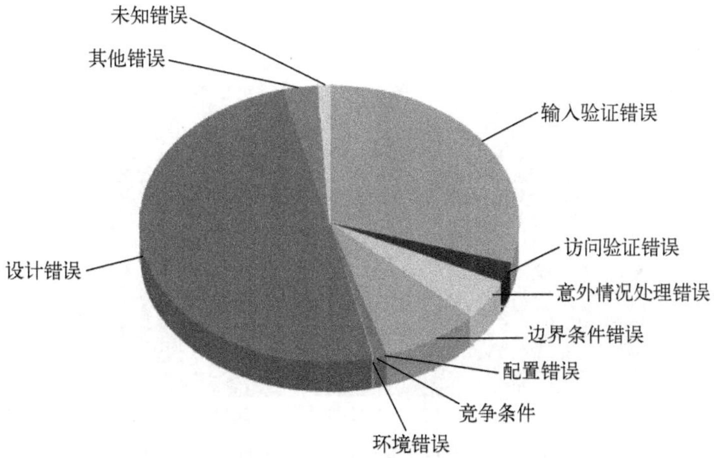

图 7-9　基于漏洞产生原因的漏洞统计

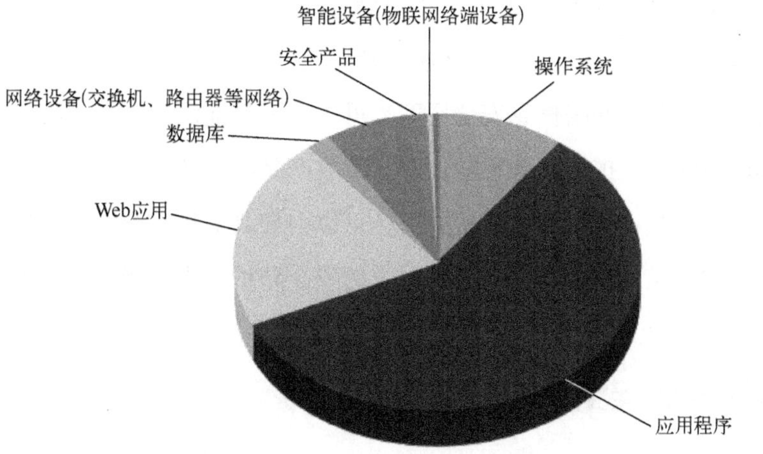

图 7-10　基于漏洞影响对象类型的漏洞统计

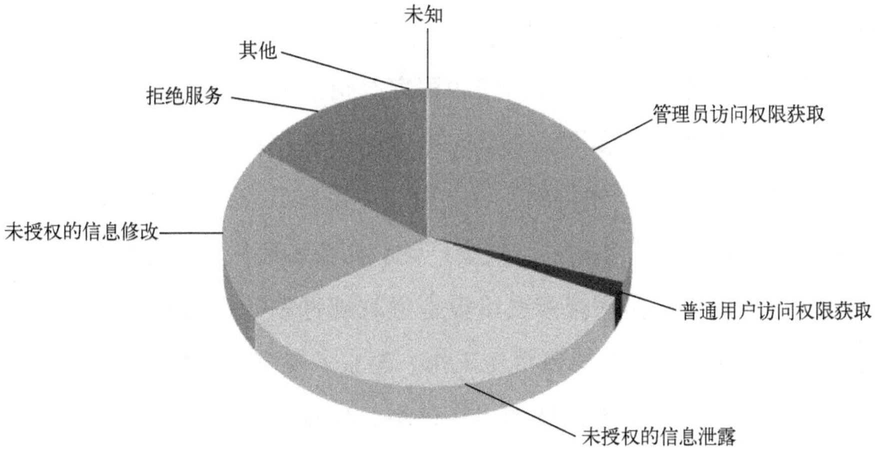

图 7-11　基于漏洞引发的威胁的漏洞统计

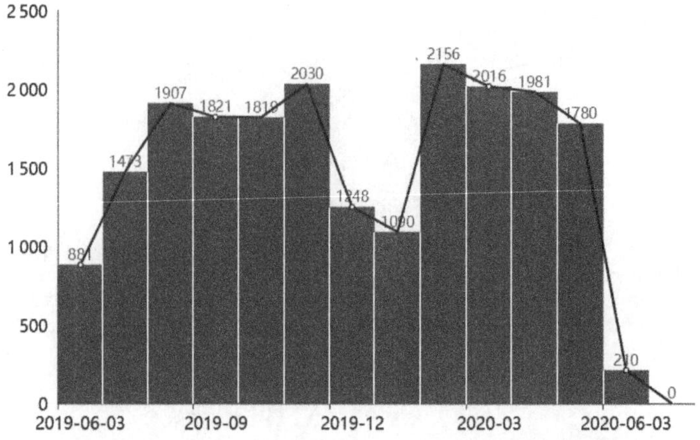

图 7-12 2019 年 6 月 3 日~2020 年 6 月 3 日期间的漏洞数量趋势

信息安全漏洞共享平台实现了“多方参与、多方受益”，对于基础信息网络和重要信息系统单位，可以通过漏洞信息通报及时获知漏洞信息，及早采取预防措施，积极应对漏洞威胁；对于网络信息安全厂商，可以彰显其漏洞发现、分析、验证的技术能力，体现其产品优势，扩大品牌影响；对于信息产品和服务提供商，可以帮助其提高产品和服务的安全质量水平；对于科研院所，可以引导其信息安全漏洞挖掘、分析的科研方向；对于广大网民，有助其提高终端系统的安全防护能力，减少被攻击入侵的风险。

7.6 国家信息安全漏洞库（CNNVD）

国家信息安全漏洞库（China National Vulnerability Database of Information Security，CNNVD）于 2009 年 10 月 18 日正式成立，是中国信息安全测评中心为切实履行漏洞分析和风险评估的职能，负责建设运维的国家级信息安全漏洞数据管理平台，面向国家、行业和公众提供灵活多样的信息安全数据服务，旨在为我国信息安全保障提供基础服务。CNNVD 通过自主挖掘、社会提交、协作共享、网络搜集以及技术检测等方式，联合政府部门、行业用户、安全厂商、高校和科研机构等社会力量，对涉及国内外主流应用软件、操作系统和网络设备等软硬件系统的信息安全漏洞开展采集收录、分析验证、预警通报和修复消控工作，建立了规范的漏洞研判处置流程、通畅的信息共享通报机制以及完善的技术协作体系，处置漏洞涉及国内外各大厂商上千家，涵盖政府、金融、交通、工控、卫生医疗等多个行业，为我国重要行业和关键基础设施安全保障工作提供了重要的技术支撑和数据支持，对提升全行业的信息安全分析预警能力，提高我国网络和信息安全保障工作发挥了重要作用。

CNNVD 提供漏洞信息、补丁信息、漏洞预警、数据立方、网安时情等服务，图 7-13 给出 CNNVD 编号为 CNNVD-202001-876 的微软 IE 缓冲区错误漏洞的详情，图 7-14 给出 CNNVD-202001-876 的修复措施。

漏洞信息详情

Microsoft Internet Explorer 缓冲区错误漏洞

CNNVD编号：CNNVD-202001-876
危害等级：高危
CVE编号：CVE-2020-0674
漏洞类型：缓冲区错误
发布时间：2020-01-17
威胁类型：远程
更新时间：2020-05-09
厂　　商：
漏洞来源：Clément Lecigne of...

漏洞简介

Microsoft Internet Explorer（IE）是美国微软（Microsoft）公司的一款Windows操作系统附带的Web浏览器。

Microsoft IE 9、10和11中脚本引擎处理内存对象的方法存在安全漏洞。攻击者可利用该漏洞在当前用户的上下文中执行任意代码，损坏内存。

来源:portal.msrc.microsoft.com

链接:https://portal.msrc.microsoft.com/zh-cn/security-guidance/advisory/ADV200001

来源:nvd.nist.gov

链接:https://nvd.nist.gov/vuln/detail/CVE-2020-0674

受影响实体

暂无

图 7-13　微软 IE 缓冲区错误漏洞（CNNVD-202001-876）

同时，CNNVD 还可以根据时间、危害等级、漏洞数量等条件提供相应的趋势分布，图 7-15 给出以年为统计单位的 2012 年至 2019 年的漏洞数量趋势分布。

通过使用 CNNVD 标识，可以在各类安全工具、漏洞数据存储库及信息安全服务之间，以及与其他漏洞披露平台之间，实现漏洞信息的交叉关联。通过 CNNVD 提供的信息安全产品或服务，可以实现对漏洞信息的规范性命名与标准化描述，从而提高和加强国内信息安全行业对漏洞信息资源的共享与服务能力。

补丁信息详情

Microsoft Internet Explorer 缓冲区错误漏洞的修复措施

补丁编号：CNPD-202001-3212　　补丁大小：暂无
重要级别：高危　　发布时间：2020-01-17
厂　商：microsoft　　厂商主页：https://www.microsoft.com/
MD5验证码：暂无

参考网址

来源：https://portal.msrc.microsoft.com/zh-CN/security-guidance/advisory/CVE-2020-0674

图 7-14　CNNVD-202001-876 的修复措施

图 7-15　2012 年至 2019 年漏洞数量趋势分布

习题

（1）CVE 与 CVSS 的关系是什么？

（2）CNVD 与 CNNVD 起到的作用分别是什么？

（3）风险评估辅助工具与漏洞扫描的区别是什么？

第 8 章　信息安全风险评估技术

风险评估不是信息系统所特有的，在日常生活和工作中，风险评估也随处可见，比如人身安全风险评估、房屋安全风险评估、金融风险评估等。风险评估的主要任务是分析确定系统风险点及风险大小，进而采取合适的控制措施去减少和避免风险，把潜在风险控制在可容忍的范围内。风险评估涉及可能出问题的位置、可能性大小、问题后果，以及应该采取的避免或弥补措施，目的是实现风险管理，达到风险最小化。本章将介绍信息安全领域的风险评估技术、实施流程及评估案例。

8.1　概述

近年来，各类企业与组织机构对信息系统的依赖性不断增加，而且面临着无处不在的安全威胁和风险。从组织自身业务的需要和法律法规符合性的角度考虑，需要增强对信息风险的管理与控制。风险管理需要根据风险评估的结果，确定成本效益均衡的风险控制措施，使得组织能够准确“定位”风险管理的策略、实践和工具，从而将安全活动的重点放在重要的问题上，选择成本效益合理的、适用的安全对策。风险评估是风险管理的必要步骤，可以明确信息系统的安全现状与安全目标的差距，确定信息系统的主要安全风险，为信息系统安全技术体系与管理体系的建设提供基础。

信息安全风险评估从早期简单的漏洞扫描、人工审计、渗透性测试等这些类型的纯技术操作，逐渐演变为目前普遍参照风险评估标准和管理规范，比如国际标准 ISO/IEC 27001、国家标准 GB/T 22239—2019《信息安全技术网络安全等级保护基本要求》、GB/T2 8448—2019《信息安全技术　网络安全等级保护　测评要求》

等，对信息系统的资产价值、潜在威胁、薄弱环节、已采取的防护措施等进行分析，判断安全事件发生的概率以及可能造成的损失，提出风险管理措施的过程。总的来说，信息安全风险评估的通用做法是以有价值资产为出发点，以威胁为触发，以技术、管理、运行等方面存在的脆弱性为诱因的信息安全风险评估综合方法及操作模型。

8.2 信息安全风险评估实施流程

常见信息安全风险评估的实施流程如图 8-1 所示。首先，是评估计划和准备阶段；其次，是对风险四要素［资产、漏洞（弱点）、威胁和现有的控制措施］的识别与评估；然后，在此基础之上，分析风险发生的可能性及影响，进行风险计算；最后，针对识别出的一系列风险点进行风险管理方案的选择与优化，选择合理的安全风险控制措施，进行风险控制。

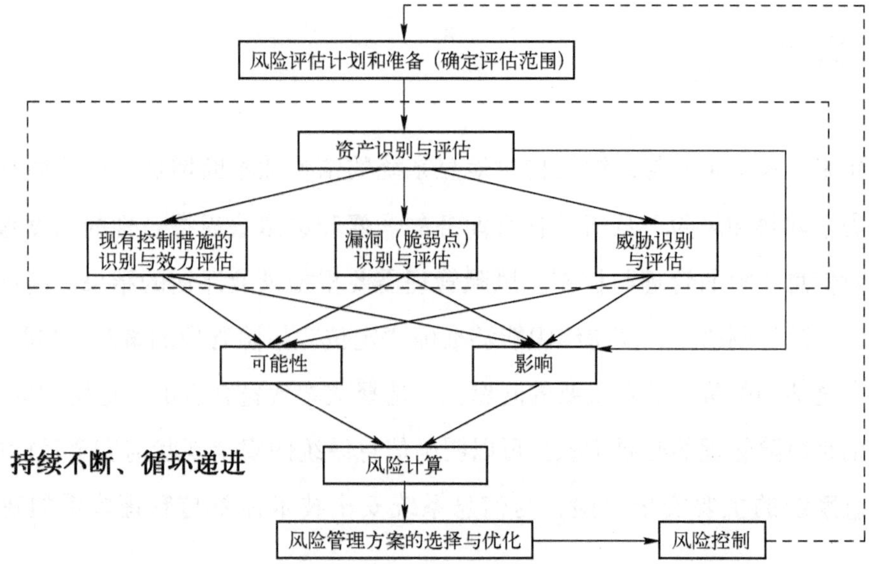

图 8-1　风险评估的实施流程

在实际的评估中，威胁频率的判断依据应在评估准备阶段根据历史统计或行业判断予以确定，并得到被评估方的认可。同时，需要考虑现有控制措施的效力，确定威胁利用弱点的实际可能性，所以将现有控制措施的识别与评估融合到了威胁识别与评估中。

这里需要注意两点：首先，一次风险评估活动结束并不意味着风险降低为零，只是把风险降到容忍范围之内，仍会有残余风险的存在；其次，风险评估是一个持续不断、循环递进的过程，当有重大安全事件发生、重要安全预警通告或评估周期到来时，会再次启动风险评估活动。

下面将介绍风险评估实施流程中关键环节的详细信息。

8.3　信息安全风险评估计划与准备

信息安全风险评估的第一步就是制订风险评估计划，做好风险评估准备，明确风险评估目标、风险接受标准，为风险评估的过程提供导向。具体内容如下。

（1）明确开展风险评估的目的

比如满足组织业务持续发展在安全方面的需要、符合相关主管方的要求或遵守法律法规的规定等。

（2）确定风险评估范围和边界

风险评估范围和边界的确定是开展风险评估的前提，这决定了风险评估任务的大小。风险评估范围可能是组织的全部信息及与信息处理相关的各类资产、管理机构，也可能是某个独立的系统、关键业务流程、与客户知识产权相关的系统或部门等。评估范围必须明确，即定义风险评估的物理边界和逻辑边界。评估范围内的所有业务和应用系统都在评估范围之内，具体有：

- 信息资产，如硬件、软件、数据。
- 相关人员，如职员、其他外部人员。
- 环境，如建筑物、基础设施、机房。
- 活动，如运维操作、业务连续性。

评估的具体层面如下。

- 物理层：包括机房、设备、办公、线路、环境的评估。
- 网络层：包括架构安全、设备漏洞、设备配置缺陷的评估。
- 系统层：包括系统漏洞、配置缺陷的评估。

- 应用层：包括软件漏洞、安全功能缺陷的评估。
- 数据层：包括数据传输、数据存储、数据备份与恢复的评估。
- 管理层：包括组织、策略、技术管理的评估。

（3）明确风险评估参与人员的角色和责任

组建一支风险评估与管理实施团队，保证风险评估工作的有效开展，以支持整个过程的推进，如成立由管理层、相关业务骨干、IT 技术人员等组成的风险评估小组。风险评估小组确定后，应得到组织最高管理者的支持、批准，并对管理层和技术人员进行传达，并在组织范围内就风险评估的相关内容进行培训，以明确各有关人员在风险评估中的任务。

（4）制订评估行动计划

风险评估行动计划用于指导实施风险评估工作的后续开展，一般包括（但不仅限于）如下几个方面。

- 团队组织：包括评估团队成员、组织结构、角色、责任等内容。
- 工作计划：风险评估各阶段的工作计划，包括工作内容、工作形式、工作成果等。
- 时间进度安排：项目实施的时间进度安排，包括现场测试时间、报告制作时间等。

（5）确定风险接受标准

结合信息安全需求及工作目标，确定可以容忍的风险阈值。

（6）选择并确认风险评估工具和方法

风险信息获取需要相关工具的支撑，包括漏洞扫描工具、渗透测试工具、风险评估辅助工具。风险值的计算基于风险要素的识别结果，通过风险函数得到，比如矩阵法和相乘法。

（7）准备相关表格

比如资产清单、现场检查表、风险判别矩阵等。表 8-1 给出资产风险判别矩阵，它是根据风险发生可能性与损失等级来计算风险的矩阵判别表，风险发生的可能性损失等级均划分为 5 个等级，分别用 1、2、3、4、5 表示，风险等级的取值范围为 1~25。

表 8-1　资产风险判别矩阵

风　险	可能性	1	2	3	4	5
损失等级	1	3	6	9	12	16
	2	5	8	11	15	18
	3	6	9	13	17	21
	4	7	11	16	20	23
	5	9	14	20	23	25

8.4　资产识别与评估

8.4.1　资产识别

划入风险评估范围和边界的每项资产都应该被识别和评价。资产识别通常以业务为主线，清楚识别每项资产的拥有者、使用者和重要性，并建立相应的资产清单。信息资产的存在有多种形式，包括物理的、逻辑的、无形的资产，具体分类如下。

（1）数据与文档

保存在信息媒介上的各种数据资料，包括源代码、数据库、数据文件、系统文档、运行管理规程、产品计划、报告、用户手册等。

（2）书面文件

合同、策略方针、企业文件，以及重要商业结果等各类纸质文档。

（3）软件资产

应用软件（办公软件、数据库软件、各类工具软件）、系统软件（操作系统、数据库管理系统）、开发工具、源程序等。

（4）实物资产

计算机、网络设备、通信设备、安全设备、磁介质存储设备、UPS 电源、门禁、空调、消防设施等保障设备。

（5）人员

承担特定职能和责任的人员，比如掌握重要信息和核心业务的人员，包括系统管理员、网络管理员、数据库管理员、应用管理员、安全审计员等。

（6）服务

依赖系统提供的对外服务、计算服务、通信服务及其他技术性服务。

（7）组织形象与声誉

这是一种无形资产，包括企业形象、客户关系等。

8.4.2 资产重要性评估

风险评估中的资产重要性体现在资产价值上，资产价值不是以资产的经济价值来衡量的，而是与资产所支撑机构的业务重要性紧密关联，同样的两种资产会因属于不同的信息系统而体现出不同的重要性。资产重要性评估不仅要考虑到资产受损对业务造成的直接损失，还要考虑到信息资产恢复到正常状态所付出的代价，包括检测、控制、修复时需要的人力和物力，还要考虑信息资产受损对其他部门的业务造成的影响、组织在公众形象和名誉上的损失、因为业务受损导致竞争优势降级而引发的间接损失、保险费用的增加等。资产重要性评估所考虑的因素多，难以从数值上量化，所以大多采用定性方法，关注因资产受损而引发的潜在的业务影响或后果，它们由资产在保密性、完整性、可用性这三个安全属性未达成时所造成的影响程度来决定。

为保证资产评价的一致性和准确性，各机构应该建立一个资产评估标准，即根据资产的重要性划分等级的尺度，由资产的所有者、使用者提供已识别资产的赋值信息。下面表 8-2~表 8-4 给出根据资产在保密性、完整性和可用性三方面的不同要求，以及 CIA 缺失时对整个组织的影响，将其划分为五个不同等级的赋值表。

表 8-2　资产保密性赋值表

赋值	标识	定　义
5	很高	包含组织最重要的秘密，关系未来发展的前途命运，对组织根本利益有着决定性的影响，如果泄露会造成灾难性的损害
4	高	包含组织的重要秘密，其泄露会使组织的安全和利益遭受严重损害

（续）

赋值	标识	定　义
3	中等	组织的一般性秘密，其泄露会使组织的安全和利益受到损害
2	低	仅能在组织内部或在组织某一部门内部公开的信息，向外扩散有可能对组织的利益造成轻微损害
1	很低	可对社会公开的信息，包括公用的信息处理设备和系统资源等

表 8-3 资产完整性赋值表

赋值	标识	定　义
5	很高	完整性价值非常关键，未经授权的修改或破坏会对组织造成重大的或无法接受的影响，对业务冲击重大，并可能造成严重的业务中断，难以弥补
4	高	完整性价值较高，未经授权的修改或破坏会对组织造成重大影响，对业务冲击严重，较难弥补
3	中等	完整性价值中等，未经授权的修改或破坏会对组织造成影响，对业务冲击明显，但可以弥补
2	低	完整性价值较低，未经授权的修改或破坏会对组织造成轻微影响，对业务冲击轻微，容易弥补
1	很低	完整性价值非常低，未经授权的修改或破坏对组织造成的影响可以忽略，对业务冲击可以忽略

表 8-4 资产可用性赋值表

赋值	标识	定　义
5	很高	可用性价值非常高，合法使用者对信息及信息系统的可用度达到年度的 99.9%以上，或系统不允许中断
4	高	可用性价值较高，合法使用者对信息及信息系统的可用度达到每天 90%以上，或系统允许中断时间小于 10 min
3	中等	可用性价值中等，合法使用者对信息及信息系统的可用度在正常工作时间内达到 70%以上，或系统允许中断时间小于 30 min
2	低	可用性价值较低，合法使用者对信息及信息系统的可用度在正常工作时间内达到 25%以上，或系统允许中断时间小于 60 min
1	很低	可用性价值可以忽略，合法使用者对信息及信息系统的可用度在正常工作时间内低于 25%

依据资产在保密性、完整性和可用性上的赋值等级，经过综合评定得出资产重要性。综合评定方法可以根据自身的特点，选择对资产保密性、完整性和可用性最为重要的一个属性的赋值等级来作为资产的最终赋值结果；也可以根据资产保密性、完整性和可用性的不同等级对其赋值进行加权计算，得到资产的最终赋值结果。表 8-5 给出资产重要性赋值表和不同等级的资产重要性综合描述，根据最终赋值将

资产划分为五级，级别越高表示资产越重要。

表 8-5　资产重要性赋值表

等级	标识	描　述
5	很高	非常重要，其安全属性被破坏后可能会对组织造成非常严重的损失
4	高	重要，其安全属性被破坏后可能会对组织造成比较严重的损失
3	中等	比较重要，其安全属性被破坏后可能会对组织造成中等程度的损失
2	低	不太重要，其安全属性被破坏后可能会对组织造成较低的损失
1	很低	不重要，其安全属性被破坏后对组织造成的损失很小，甚至可以忽略不计

📖 评估者可根据资产赋值结果，确定重要资产的范围，并主要围绕重要资产进行下一步的风险评估。

8.5　脆弱点识别与评估

8.5.1　脆弱点识别

脆弱点识别是风险评估中最重要的一个环节，该环节可以以资产为核心，针对每一项需要保护的资产，识别可能被威胁利用的弱点，并对脆弱性的严重程度进行评估；也可以从物理、网络、系统、应用等层次进行识别，然后与资产、威胁对应起来。

脆弱性识别的依据可以是国际或国家安全标准，也可以是行业规范、应用流程的安全要求。对于不同的识别对象，其脆弱性识别的具体要求应参照相应的技术或管理标准实施。例如，对物理环境的脆弱性识别可按 GB/T 9361—2011《计算机场地安全要求》中的技术指标实施；对操作系统、数据库可按 GB 17859—1999《计算机信息系统　安全保护等级划分准则》中的技术指标实施；对网络、系统、应用等信息技术安全性的脆弱性识别可按 GB/T 18336.1—2015《信息技术　安全技术　信息技术安全性评估准则　第一部分：简介和一般模型》中的技术指标实施。

资产的脆弱点具有隐蔽性，有些脆弱点只有在一定条件和环境下才能显现，这是脆弱点识别中最为困难的部分。脆弱点识别时的数据应来自于资产的所有者、使用者，以及相关业务领域和软硬件方面的专业人员等。脆弱点识别所采用的方法主要有：问卷调查、漏洞扫描工具检测、人工核查、文档查阅、渗透性测试等。脆弱性识别内容如表 8-6 所示，主要从技术和管理两个方面进行，技术脆弱性涉及物理层、网络层、系统层、应用层等各个层面的安全问题。管理脆弱性又可分为技术管理脆弱性和组织管理脆弱性两方面，前者与具体技术活动相关，后者与管理环境相关。

表 8-6　脆弱性识别内容

类　型	识别对象	识别内容
技术脆弱性	物理环境	从机房场地、机房防火、机房供配电、机房防静电、机房接地与防雷、电磁防护、通信线路的保护、机房区域防护、机房设备管理等方面进行识别
	网络结构	从网络结构设计、边界保护、外部访问控制策略、内部访问控制策略、网络设备安全配置等方面进行识别
	系统软件	从补丁安装、物理保护、用户账号、口令策略、资源共享、事件审计访问控制、新系统配置、注册表加固、网络安全、系统管理等方面进行识别
	应用中间件	从协议安全、交易完整性、数据完整性等方面进行识别
	应用系统	从审计机制、审计存储、访问控制策略、数据完整性、通信、鉴别机制、密码保护等方面进行识别
管理脆弱性	技术管理	从物理和环境安全、通信与操作管理、访问控制、系统开发与维护、业务连续性等方面进行识别
	组织管理	从安全策略、组织安全、资产分类与控制人员安全、符合性等方面进行识别

8.5.2　脆弱点严重度评估

在不同环境中的相同脆弱点其脆弱性严重程度是不同的，评估者应从组织安全策略、业务重要性、信息系统所采用的协议、应用流程的完备程度、与其他网络的互联等角度判断资产的脆弱性及其严重程度。对某个资产，其技术脆弱性的严重程度还受到组织管理脆弱性的影响。因此，资产的脆弱性赋值还应参考技术管理和组织管理脆弱性的严重程度。根据脆弱点对资产的暴露程度、技术实现的难易程度、流行程度等，采用等级方式对已识别的脆弱性的严重程度进行赋值。对脆弱性严重程度可以进行等级化处理，不同的等级分别代表资产脆弱性严重程度的高低。等级数值越大，脆弱性严重程度越高。表 8-7 给出了脆弱性严重程度的一种赋值方法。

表 8-7 脆弱性严重程度赋值表

等级	标识	定义
5	很高	如果被威胁利用，将对资产造成完全损害
4	高	如果被威胁利用，将对资产造成重大损害
3	中等	如果被威胁利用，将对资产造成一般损害
2	低	如果被威胁利用，将对资产造成较小损害
1	很低	如果被威胁利用，对资产造成的损害可以忽略

8.6 威胁识别与评估

8.6.1 威胁识别

威胁可以通过威胁主体、资源、动机、途径等多种属性来描述。造成威胁的因素可分为人为因素和环境因素。根据威胁的动机，人为因素又可分为恶意和非恶意两种。环境因素包括自然界不可抗的因素和其他物理因素。其威胁作用形式可以是对信息系统进行直接或间接的攻击，在保密性、完整性和可用性等方面造成损害，也可能是偶发的或蓄意的事件。威胁识别的关键在于确认引发威胁的人或物，即确认威胁源。表 8-8 给出了一种威胁来源的分类方法。

表 8-8 常见威胁来源

来源		描述
环境因素		断电、静电、灰尘、潮湿、温度、鼠蚁虫害、电磁干扰、洪灾、火灾、地震、意外事故等环境危害或自然灾害，以及软件、硬件、数据、通信线路等方面的故障
人为因素	恶意	不满的或有预谋的内部人员对信息系统进行恶意破坏；采用自主或内外勾结的方式盗窃机密信息或进行篡改，获取利益。外部人员利用信息系统的脆弱性，对网络或系统的保密性、完整性和可用性进行破坏，以获取利益或炫耀能力
	非恶意	内部人员由于缺乏责任心，或者由于不关心或不专注，或者没有遵循规章制度和操作流程而导致故障或信息损坏；内部人员由于缺乏培训、专业技能不足、不具备岗位技能要求而导致信息系统故障或被攻击

针对表 8-8 中提到的常见威胁来源，进一步根据其表现形式将威胁分为软硬件故障、物理环境影响、无作为或操作失误、管理不到位、恶意代码、越权或滥用、网络攻击、物理攻击、泄密、篡改、抵赖等，如表 8-9 所示。

表 8-9　威胁分类

种　类	描　述	威胁子类
软硬件故障	对业务实施或系统运行产生影响的设备硬件故障、通信链路中断、系统本身或软件缺陷等问题	设备硬件故障、传输设备故障、存储媒体故障、系统软件故障、应用软件故障、数据库软件故障、开发环境故障等
物理环境影响	对信息系统正常运行造成影响的物理环境问题和自然灾害	断电、静电、灰尘、潮湿、温度、鼠蚁虫害、电磁干扰、洪灾、火灾、地震等
无作为或操作失误	应该执行而没有执行相应的操作，或无意执行了错误的操作	维护错误、操作失误等
管理不到位	安全管理无法落实或不到位，从而破坏信息系统的正常有序运行	管理制度和策略不完善、管理规程缺失、职责不明确、监督控管机制不健全等
恶意代码	故意在计算机系统上执行恶意任务的程序代码	病毒、特洛伊木马、蠕虫、陷门、间谍软件、窃听软件等
越权或滥用	通过采用一些措施，超越自己的权限访问了本来无权访问的资源，或者滥用自己的权限，实施破坏信息系统的行为	非授权访问网络资源、非授权访问系统资源、滥用权限非正常修改系统配置或数据、滥用权限泄露秘密信息等
网络攻击	利用工具和技术通过网络对信息系统进行攻击和入侵	网络探测和信息采集、漏洞探测嗅探（账号、口令、权限等）用户身份伪造和欺骗、用户或业务数据的窃取和破坏、系统运行的控制和破坏等
物理攻击	通过物理的接触造成对软件、硬件、数据的破坏	物理接触、物理破坏、盗窃等
泄密	信息泄露给不应了解的他人	内部信息泄露、外部信息泄露等
篡改	非法修改信息，破坏信息的完整性使系统的安全性降低或信息不可用	篡改网络配置信息、篡改系统配置信息、篡改安全配置信息、篡改用户身份信息或业务数据信息等
抵赖	不承认收到的信息和所做的操作和交易	原发抵赖、接收抵赖、第三方抵赖等

8.6.2 威胁赋值

威胁赋值的重要内容是根据威胁出现的频率来评估威胁发生的可能性。评估者根据经验和（或）有关的统计数据来进行判断。在评估中，需要综合考虑以下三个方面，以形成在某种评估环境中各种威胁出现的频率。

1）以往安全事件报告中出现过的威胁及其频率的统计；

2）实际环境中通过检测工具以及各种日志发现的威胁及其频率的统计；

3）近一两年来国际组织发布的对于整个社会或特定行业的威胁及其频率统计，以及发布的威胁预警。

因此可以对威胁出现的频率进行等级化处理，不同等级分别代表威胁出现的频率高低。等级数值越大，威胁出现的频率越高。表 8-10 给出了威胁出现频率的一种赋值方法。

表 8-10　威胁赋值表

等　级	标　识	定　义
5	很高	出现的频率很高（或≥1 次/周）；或在大多数情况下几乎不可避免；或可以证实经常发生过
4	高	出现的频率较高（或≥1 次/月）；或在大多数情况下很有可能会发生；或可以证实多次发生过
3	中等	出现的频率中等（或>1 次/半年）；在某种情况下可能会发生；或被证实曾经发生过
2	低	出现的频率较小；或一般不太可能发生；或没有被证实发生过
1	很低	威胁几乎不可能发生；仅可能在非常罕见和例外的情况下发生

在实际的评估中，威胁频率的判断依据应在评估准备阶段根据历史统计或行业判断予以确定，并得到被评估方的认可。同时，需要考虑现有控制措施的效力，确定威胁利用弱点的实际可能性。

8.7　风险计算

在完成了资产识别、脆弱点识别、威胁识别，以及确认已有安全措施后，将采用适当的方法与工具来确定威胁利用脆弱性导致安全事件发生的可能性，进一步综合安全事件所作用的资产价值及脆弱性的严重程度，判断安全事件造成的损失对组织的影响，即安全风险。安全风险 R 的形式化计算原理如下：

$$风险值=R(A,T,V)=R(L(T,V),F(I_a,V_a))$$

其中，R 表示安全风险计算函数；A 表示资产；T 表示威胁出现频率；V 表示脆弱性；I_a 表示安全事件所作用的资产价值；V_a 表示脆弱性严重程度；L 表示威胁利用资产的脆弱性导致安全事件的可能性；F 表示安全事件发生后造成的损失。安全风险计算原理中有以下三个关键计算环节：

（1）计算安全事件发生的可能性

根据威胁出现频率及脆弱性的状况，计算威胁利用脆弱性导致安全事件发生的可能性，即：

$$安全事件的可能性 = L(威胁出现频率,脆弱性) = L(T,V)$$

在实际的具体评估中，应综合考虑攻击者的技术能力（如专业技术程度、攻击设备等）、脆弱性被利用的难易程度（如可访问时间、设计和操作知识的公开程度等），以及资产吸引力等因素来判断安全事件发生的可能性。

（2）计算安全事件发生后造成的损失

根据资产价值及脆弱性严重程度，计算安全事件一旦发生后造成的损失，即：

$$安全事件造成的损失 = F(资产价值,脆弱性严重程度) = F(I_a,V_a)$$

有些情况下，安全事件造成的损失不仅影响到资产本身，还可能影响业务的连续性。不同安全事件的发生对组织的影响是不一样的，在计算某个安全事件的损失时，还要考虑对组织的影响。对发生可能性极小的安全事件，比如处于非地震带的地震威胁，采取完备供电措施状况下的电力故障威胁等，可以不计算其损失。

（3）计算风险值

根据安全事件发生的可能性以及安全事件造成的损失，计算风险值，即：

$$风险值 = R(安全事件的可能性,安全事件造成的损失) = R(L(T,V),F(I_a,V_a))$$

评估者可以根据自身情况来选择相应的风险计算方法，如矩阵法或相乘法。矩阵法通过构造一个二维矩阵，形成安全事件的可能性与安全事件造成的损失之间的二维关系；相乘法通过构造经验函数，将安全事件的可能性与安全事件造成的损失进行运算从而得到风险值。

8.8　风险评估案例

本节以某节点的 IDC 系统风险评估为案例，介绍风险评估理论的实践应用，以便读者能够深刻地理解风险评估工作的价值。考虑到篇幅的限制，本例仅给出评估实施过程关键节点的部分输出。

8.8.1 系统介绍

该系统主要是由虚拟主机（Web Hosting）组成的互联网数据中心（Internet Data Center，IDC）系统，系统结构图如图 8-2 所示。将一台 Sun E250 作为虚拟主机，另一台 Sun E250 作为数据库服务器，二者共享一台磁盘阵列 Metastore；虚拟主机管理服务器也是一台 Sun E250。数据库采用的是 SQL Server，Web 服务器是 Netscape Enterprise Server 和 Apache，FTP 服务器是 Sun 操作系统自带的 WU-FTP。系统的三台主机先接入 Cisco 以太网交换机 Catalyst 2924，然后通过交换机 CSS11051 接入某节点的核心交换机，实现与外部骨干网连接。

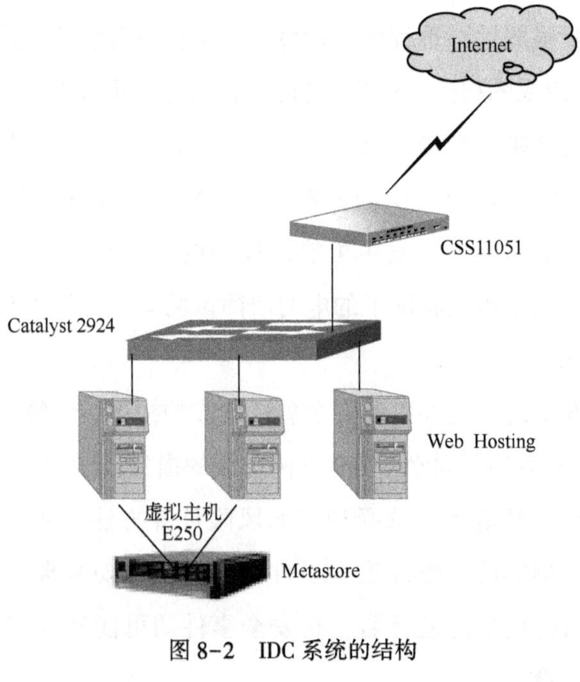

图 8-2　IDC 系统的结构

从网络结构上来看，该节点的 IDC 设计方案存在不合理之处：

1）在主机较少、CSS11051 端口数充足的情况下，多余地引入了 Catalyst 2924，以至于在方案中引入了单点故障，即所有系统都连接在一台 Catalyst 2924 交换机上，没有备份和负载均衡的设计，如果交换机发生故障将会导致整个系统无法提供正常的服务。

2）IDC 在接入节点核心交换机之前没有防火墙进行安全隔离，使整个系统暴露于公网，不能控制攻击者对系统的攻击数据包。

8.8.2 要素识别与评估

（1）资产识别

企业的信息资产是企业资产中与信息开发、存储、转移、分发等过程直接、密切相关的部分，包括硬件、软件、文档、代码等。IDC 系统的部分资产信息识别结果如表 8-11 所示。

表 8-11 IDC 系统资产识别结果

资产编号	资产名称	资产类型	所属业务系统	资产价值
V1	虚拟主机	UNIX 主机	IDC 系统	3
D1	数据库服务器	数据库	IDC 系统	3
MS1	虚拟主机管理服务器	UNIX 主机	IDC 系统	3
D2	数据库 SQL Server	软件	IDC 系统	3
S1	Apache	软件	IDC 系统	2
S2	Wu-FTP	软件	IDC 系统	2
W0	IDC 整体结构	整体组件	IDC 系统	3

（2）脆弱点识别

通过顾问访谈、系统扫描器、数据库扫描器、网络扫描器等手段，发现 IDC 系统的严重安全漏洞集中在数据库系统以及系统的安全规划和管理上。数据库管理员的口令策略将对整个系统构成一定的安全威胁。此外，如果没有对系统按照业务功能的不同进行安全层次的划分，也会对系统的整体安全性构成了潜在的安全威胁。IDC 系统的部分脆弱点识别结果如表 8-12 所示。

表 8-12　IDC 系统脆弱点识别结果

资产名称	漏洞名称	简要描述	发现方式	严重程度
数据库 SQL Server	弱登录密码	SQL Server 允许使用易猜测的口令	数据库扫描器	3
数据库 SQL Server	sa 账号空口零	SQL Server 的账号 sa 为空口令	数据库扫描器	3
WU-FTP	wu-ftp 2.6.1-16/18 远程溢出	FTP 服务器存在导致权限提升的远程溢出问题	网络扫描器	3
IDC 系统	没有划分安全域	所有的系统处于同样的安全级别	顾问访谈	3
IDC 系统	缺少统一的日志管理	没有中央的日志管理系统，不能统一管理系统的日志文件	顾问访谈	2
IDC 系统	缺乏操作流程	没有一份正式的书面文档，用来描述业务系统维护的操作流程	顾问访谈	2
IDC 系统	没有定期评估加固	没有通过漏洞评估工具或手工方式进行定期的漏洞评估工作	顾问访谈	2

（3）威胁识别

IDC 系统中最严重的安全威胁有远程溢出攻击、密码猜测攻击、滥用、无法监控或审计等，具体的威胁及对应的漏洞信息如表 8-13 所示。

表 8-13　威胁识别结果

威胁名称	资产名称	漏洞名称	漏洞简要描述	威胁值
远程溢出攻击	Apache	Apache 运行	系统运行 Apache	4
远程溢出攻击	WU-FTP	wu-ftp 2.6.1-16/18 运行	系统运行 WU-FTP	4
密码猜测攻击	SQL Server	SQL Server 弱登录口令	SQL Server 的登录口令容易猜测	4
无法监控或审计	IDC 系统整体	缺乏统一的日志管理	由中央的日志管理系统统一管理系统的日志文件	4
滥用	IDC 系统整体	没有划分安全域	所有的系统处于同样的安全级别	4
无法监控或审计	IDC 系统整体	没有定期评估加固	没有通过漏洞评估工具或手工方式进行定期的漏洞评估工作	3

表 8-13 中的远程溢出攻击是指通过 Apache 服务器和 FTP 服务器的远程溢出弱点进行攻击，试图获取系统的访问权限；密码猜测攻击是指利用 SQL Server 数据库的默认配置，进行获取数据库访问权限的攻击；滥用是指 IDC 系统整体上未按照业务功能进行安全域的划分；无法监控或审计威胁则是指缺乏对系统的定期安全评估工作，对系统的日志没有集中管理。

8.8.3 风险识别

给定场景的风险识别结果如表 8-14 所示，IDC 系统整体上没有划分安全域，所有系统处于同样的安全级别，面临信息系统滥用威胁，风险级别最高；SQL Server 数据库由于账户管理不当，存在弱登录口令以及 sa 账户空口令等漏洞，因此识别出 3 个信息安全风险；FTP 服务器存在远程溢出漏洞，面临远程攻击获取系统 root 权限的风险。

表 8-14　风险识别结果

资产名称	漏洞名称	漏洞简要描述	威胁名称	风险值
IDC 系统	没有划分安全域	所有的系统处于同样的安全级别	滥用	177
SQL Server	弱登录密码	微软 SQL Server 允许易猜测的密码	密码猜测攻击	144
SQL Server	sa 空口令	微软 SQL Server 的 sa 账户空口令	非授权访问	144
SQL Server	sa 空口令	微软 SQL Server 的 sa 账户空口令	滥用	144
FTP Server	wu-ftp 2.6.1-16/18 远程溢出（Linux）	ftp 服务器存在导致权限提升的远程溢出问题	远程 root 攻击	134

通过风险评估案例，管理员可以清楚地了解系统资产、脆弱点、威胁以及信息安全风险，对系统的安全状况有非常准确和详细的认识，便于实现有针对性的安全防御。

习题

（1）如何理解信息安全风险评估的实施流程是不断往复、循环递进的过程？

（2）常见的信息安全风险计算方法有哪些？

（3）总结具体的信息安全风险评估实施方法与流程的优缺点。

（4）总结分析常见信息安全风险计算方法的优缺点。

第9章　新型网络环境下的安全威胁及挑战

9.1　概述

随着信息技术、物联网技术、移动互联技术、虚拟化技术的发展，网络信息系统对应出现了云计算、物联网、移动互联网以及伴随这些新型网络形态而生的大数据等新型网络形态。物联网对应互联网的感觉和运动神经系统。云计算是互联网的核心硬件层和核心软件层的集合，也是互联网中枢神经系统的萌芽。大数据代表了互联网的信息层（数据海洋），是互联网智慧和意识产生的基础。物联网、传统互联网和移动互联网在源源不断地向互联网大数据层汇聚数据和接收数据。互联网的功能和结构与人类大脑高度相似，具备互联网虚拟感觉、虚拟运动、虚拟中枢、虚拟记忆神经系统。大数据、云计算、物联网和移动互联网与传统互联网之间的关系如图9-1所示。

新型网络形态的出现给适用于传统互联网的安全技术带来了挑战，比如虚拟机跳跃、虚拟机逃逸之类的安全威胁防御问题等。本章将介绍云计算、物联网、移动互联、大数据的安全需求及对应的检测评估内容。

9.2　云计算安全

云计算是指IT基础设施的交付和使用模式，指通过网络以按需、易扩展的方式获得所需的资源（硬件、平台、软件）。提供资源的网络被称为“云”。云中的资源在使用者看来是可以无限扩展的，并且可以随时获取，按需使用，

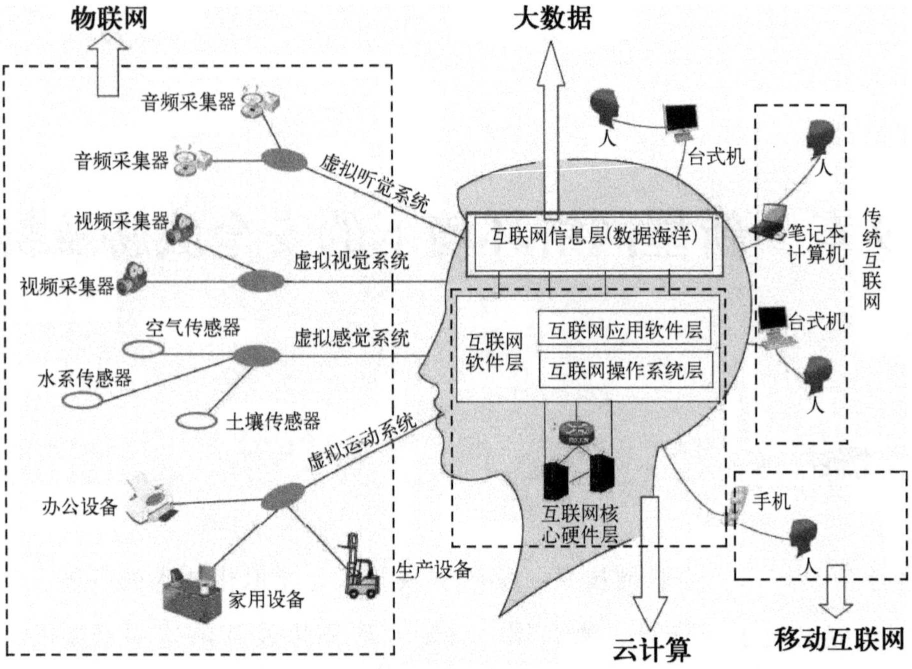

图 9-1　网络形态之间的关系

随时扩展，按使用付费，这种特性让云计算服务的用户可以像使用水电一样使用 IT 基础设施。

9.2.1　云服务模式

云计算平台或系统由设施、硬件、资源抽象控制层、虚拟化计算资源、软件平台和应用软件等组成。根据 NIST 的定义，云服务主要有三类，分别为 SaaS（Software as a Service，软件即服务）、PaaS（Platform as a Service，平台即服务）和 IaaS（Infrastructure as a service，基础设施即服务）。云计算三种服务模式与控制范围的关系如图 9-2 所示。

IaaS 主要提供了虚拟计算、存储、数据库等基础设施服务，在这种情况下，IT 团队依旧负责云端应用程序的端到端设计、开发、测试、实现和管理工作。这种服务模式降低了企业在新技术上的支出，并允许它保持对应用平台的完全控制。典型的 IaaS 有 AWS 云、Microsoft Azure 云、阿里云、腾讯云等。

SaaS 以虚拟化操作系统、工作负载管理软件、硬件、网络和存储服务的形式交

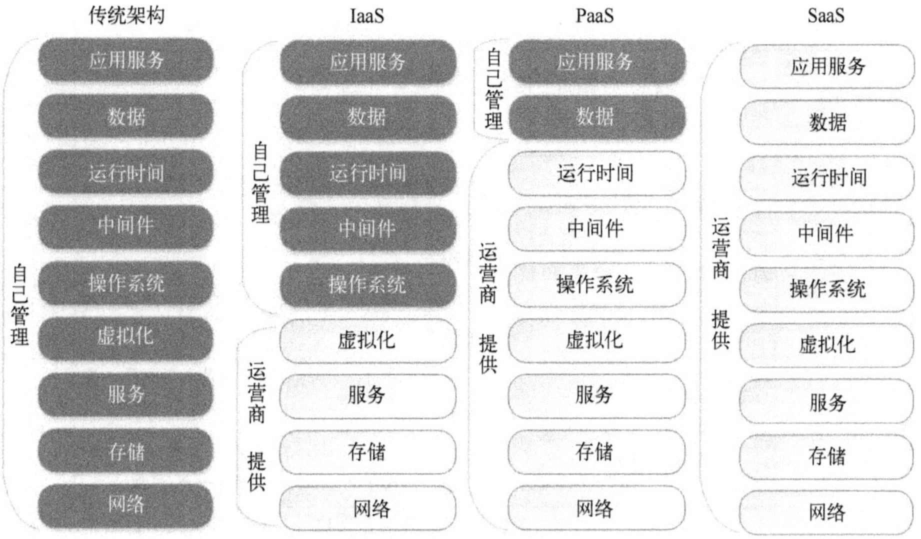

图 9-2　云计算服务模式与控制范围的关系

付计算资源，这种模式除了降低设备成本之外，还简化了应用软件的实现和管理，这些软件通常是负责处理企业的重点功能，如销售、营销、客户服务、财务和人力资源等。典型的 SaaS 有网盘（Dropbox、百度网盘等）、Salesforce、Cisco WebEx、邮局系统、在线的客户关系管理（CRM）系统等。

PaaS 是位于 IaaS 和 SaaS 模型之间的一种云服务，它提供了应用程序的开发和运行环境。PaaS 的实质是将互联网的资源服务化为可编程接口，在 PaaS 设置中，云服务提供商负责设计、部署、后端处理和数据资源管理。典型的 PaaS 有 AWS Elastic Beanstalk、OpenShift 及国内各大云厂商面对开发人员的开发平台服务。

在不同的服务模式下，云服务方和云租户的安全管理责任主体有所不同，以常见的 IaaS 服务为例，云租户所承担的安全风险在于网络边界的网络安全域和虚拟主机（及虚拟主机上自建的数据库）及云租户自建的应用系统。IaaS 模式下云服务方与云租户的责任划分如表 9-1 所示。

表 9-1　IaaS 模式下云服务方与云租户的责任划分

层　面	安全要求	安全组件	责任主体
物理和环境安全	物理位置选择	数据中心及物理设施	云服务方
网络和通信安全	网络结构、访问控制、远程访问、入侵防范、安全审计	物理网络及附属设备、虚拟网络管理平台	云服务方
		云租户虚拟网络安全域	云租户
设备和计算安全	身份鉴别、访问控制、安全审计、入侵防范、恶意代码防范、资源控制、镜像和快照保护	物理网络及附属设备、虚拟网络管理平台、物理宿主机及附属设备、虚拟机管理平台、镜像等	云服务方
		云租户虚拟网络设备、虚拟安全设备、虚拟机等	云租户
应用和数据安全	安全审计、资源控制、接口安全、数据完整性、数据保密性、数据备份恢复	云管理平台（含运维和运营）、镜像、快照等	云服务方
		云租户应用系统及相关软件组件、云租户应用系统配置、云租户业务相关数据等	云租户
系统安全建设管理	安全方案设计、测评验收、云服务商选择、供应链管理	云计算平台接口、安全措施、供应链管理流程、安全事件和重要变更信息	云服务方
		云服务商选择及管理流程	云租户
系统安全运维管理	监控和审计管理	监控和审计管理的相关流程、策略和数据	云服务方、云租户

9.2.2 安全需求

云计算平台采用了五大核心技术，包括编程模型、数据存储技术、数据治理技术、虚拟化技术和平台治理技术。虽然虚拟化技术实现了软件应用与底层硬件之间的隔离，但与此同时也给云虚拟化管理和实施层面带来了虚拟机跳跃、虚拟机逃逸等新的安全威胁。此外，用户数据存储在服务提供商的数据中心而不是存储在用户的计算机上，这便带来了数据泄露及隐私安全方面的问题。

（1）虚拟机跳跃（VM Hopping）

虚拟机跳跃是指攻击者基于一台虚拟机通过某种方式获取同一个宿主机上的其他虚拟机的访问权限，进而对其展开攻击。由于同一个宿主机上的虚拟机之间可以通过网络连接或共享内存的方式进行通信，所以这种方式就会导致攻击者进行虚拟机跳跃攻击。举例来说，攻击者可以通过已经掌控的某台虚拟机 A 监控位于同一宿主机上的另一台虚拟机 B，还可能以虚拟机 B 为跳板，再以同样方式继续攻击其他虚拟机。攻击者甚至可以劫持宿主机 H，从而控制该宿主机上的所有虚拟机。

（2）虚拟机逃逸（VM Escape）

云服务提供商提供的虚拟主机让用户能够分享主机的资源并提供隔离。但在某些情况下，在虚拟机里运行的程序会绕过底层，从而利用宿主机，这种技术就叫作虚拟机逃逸。由于宿主机的特权地位，其结果是整个安全模型完全崩溃。与虚拟机跳跃相比，虚拟机逃逸需要获取宿主机的访问权限。宿主机在主机操作系统与虚拟机操作系统之间起到指令转换的作用，当攻击者控制了一台虚拟机时，可以向宿主机发送大量的 I/O 端口信息使其崩溃，从而攻击者就能够访问该宿主机所控制的所有虚拟机和主机操作系统。

（3）云端企业和组织的数据隐私安全

在云计算环境中，用户数据存储在服务提供商的数据中心而不是存储在用户的计算机上。转向集中式云服务将导致用户的隐私泄露和安全漏洞。云环境应该保持数据完整性和用户隐私，同时增强跨多个云服务提供商的互操作性。云服务提供商则应该在每个层面上都能够满足安全要求，以保护云端的数据安全性，确保用户数据不会被未授权访问，并监控、维护和收集有关防火墙、入侵检测/防御以及网络内的数据流信息。云租户需要收集系统日志文件，知道其应用何时何地被登录过。云租户还需要对应用日志进行审计，用于事件响应或数字认证。

9.2.3　安全检测机制

针对云计算虚拟化技术带来的安全威胁，需要完善宿主机和虚拟机的安全机制，并采用分层方法减少云计算漏洞的负面影响。对应的具体检测应对方法如下。

（1）检测宿主机安全机制

1）构建轻量级宿主机：将宿主机的管理功能和安全功能进行分离，通过构建专用宿主机来减少宿主机自身的体积，从而达到减少宿主机自身安全漏洞的目的。

2）宿主机自身可信保证：集中于宿主机完整性保护，一是针对特定的应用环境，对宿主机进行重新设计，设置严格的代码实现限制，以获得更高的安全性；二是利用可信计算技术对宿主机进行完整性保护。

3）提高宿主机防御能力：增设虚拟防火墙，控制资源的合理使用和实施细粒度访问权限控制。

（2）检测虚拟机安全机制

1）虚拟机隔离机制：一是基于硬件协助的隔离机制；二是基于访问控制的逻辑隔离机制。

2）虚拟机安全监控：指在虚拟机中加载内核模块来拦截目标虚拟机的内部事件，以及在虚拟机外部进行检测，通过宿主机中的监控点对目标虚拟机中的事件进行拦截。

（3）检测分层的方法机制

在一个共享的云计算环境中，来自于多个客户的数据都被存储在同一个共享环境中，并通过同一个共享环境被访问。云服务提供商需要确保他们能够向客户提供一种高效的解决方案，而且是集多种技术于一体的分层方案（如访问管理、周边安全性和威胁管理、加密、分布式拒绝服务缓解，以及私密性和合规性管理）。通过识别与访问管理组件进行授权访问，而且能够在虚拟环境中使用诸如多重因素身份验证的方法进行身份验证。通过使用监控工具来解决管理程序安全性的问题，这些监控工具能够检测可疑行为，其中包括非正常的流量模式和非正常的交易行为。采取正确的 DDoS 缓解措施，以便在攻击行为影响环境之前发现异常流量并进行阻断。采用逻辑上区分客户数据的机制，从私密性和兼容性两方面解决数据混合的问题。

9.3 物联网安全

物联网（Internet of Things，IoT）是将感知节点设备通过互联网等网络连接起来而构成的一个应用系统，它融合了信息系统和物理世界实体，是虚拟世界与现实世界的结合。下面介绍 IoT 的系统构成、安全需求及对应的漏洞分析及检测技术。

9.3.1 物联网系统构成

物联网系统从架构上分为三个逻辑层，即感知层、网络传输层和处理应用层。其中，感知层由 RFID 系统和传感网络组成，传统网络包括终端感知节点和感知网关节点，RFID 系统包括 RFID 标签和 RFID 读写器，以及 RFID 标签与读写器之间的短距离通信；网络传输层将这些感知数据远距离传输到处理中心的网络，包括互联网、移动通信网等几种不同网络的融合；处理应用层对感知数据进行存储与智能处理，并对行业应用终端提供服务。对大型物联网系统来说，比如智能工业、智能物流、智能交通、智能安防、智能家居等，处理应用层一般是云计算平台和行业应用终端设备。物联网系统的构成如图 9-3 所示。

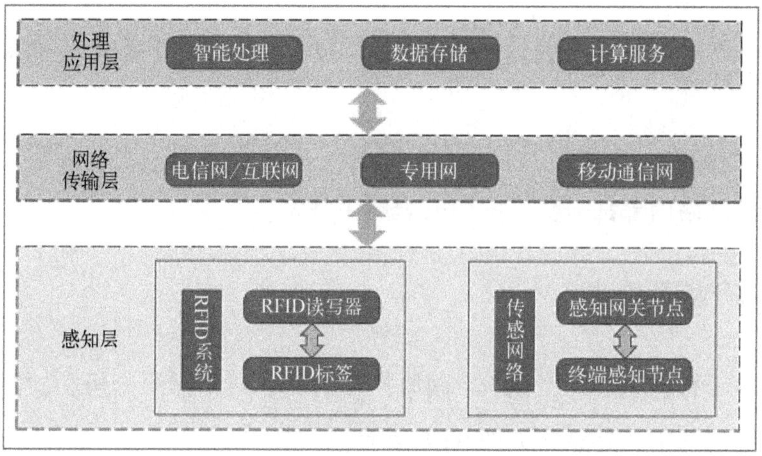

图 9-3　物联网系统构成

综合来看，物联网就是各行各业的智能化，比如日常所见的门禁系统、超市商品标签、服装标签等。

9.3.2　安全需求

物联网安全需要着重考虑感知与控制设备的信息采集、传输以及信息安全问题。感知节点呈现多源异构性，通常情况下功能简单（如自动温度计）、携带能量少（使用电池），使得它们无法拥有复杂的安全保护能力，同时感知网络多种多样，感知节点的数据传输和消息也没有特定的标准，所以无法提供统一的安全保护体系。同时，感知节点多数部署在无人监控的场景中，攻击者可以轻易地接触到这些设备，从而对它们造成破坏，甚至通过本地操作更换机器的软硬件。感知与控制设备的安全需求可以总结为以下几点。

(1) 机密性

多数据网络内部不需要认证和密钥管理，如统一部署的共享一个密钥的传感网。

(2) 密钥协商

部分内部节点进行数据传输前需要预先协商会话密钥。

(3) 节点认证

个别网络（特别是当数据共享时）需要节点认证，确保非法节点不能接入。

(4) 信誉评估

一些重要网络需要对可能被敌手控制的节点行为进行评估，以降低敌手入侵后的危害。

(5) 安全路由

几乎所有网络内部都需要不同的安全路由技术。

9.3.3 漏洞分析及检测

下面以一个智能家居的常见 IoT 网络拓扑为例，展开漏洞分析和检测关键点的介绍。智能家居的网络拓扑结构如图 9-4 所示。

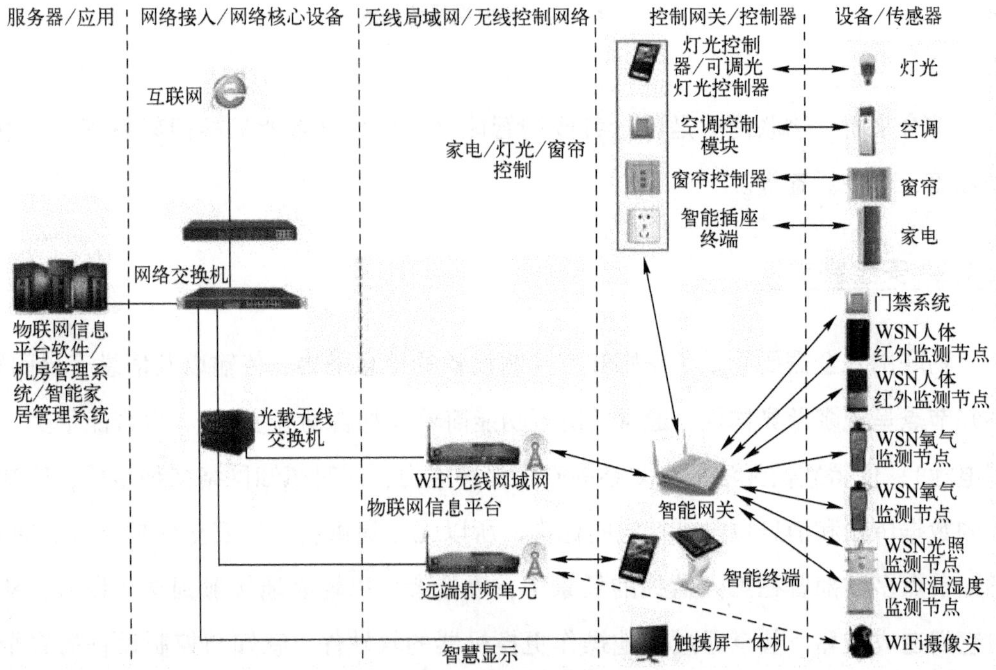

图 9-4　智能家居网络拓扑

（1）感知设备区域

IoT 设备本身存在的安全问题，诸如串口安全漏洞、默认密码、硬编码问题、不安全的移动和 Web 应用、缺乏完整性和签名校验等，需要通过安全设备的配置检查才能发现。

（2）网络传输区域

该层存在不安全的网络通信、不安全的无线通信，有可能发生伪造指令、中间人攻击等问题，需要确保智能网关的安全，该设备被入侵会危及全部物联网设备，需要检测各个传输设备及通信协议的安全，尤其是口令安全。

（3）应用区域

存在非法命令执行、弱口令、SQL 注入、任意文件上传等问题，信息业务平台集中管理区有公网的业务系统和 IP，容易成为黑客攻击的目标，并且入侵后能获取大量敏感数据。

随着电子信息技术和 5G 技术的逐渐成熟，物联网逐渐形成了以“云、管、端”三个层面为主的基础网络架构。由于物联网的设备基数庞大、应用场景丰富以及环境感知的不确定性，信息安全风险也随之增加。所以确保物联网安全，保护用户隐私，是物联网应用能够平稳发展的重要保障。

9.4　移动互联安全

移动互联主要是采用无线通信技术将移动终端接入有线网络，最典型的例子是使用智能手机上网、看新闻、叫车、订外卖等。相对传统互联网，移动互联更强调在移动中接入互联网并使用相关业务，从而通过互联网平台和信息通信技术，把与人类生活密切相关的各行各业结合起来。

9.4.1　移动互联应用架构

采用移动互联技术的应用对象由移动终端、无线通道、接入设备和服务器区组成，如图 9-5 所示。移动终端通过无线通道连接无线接入设备并访问服务器，同时通过移动终端管理系统的服务端软件向客户端软件发送移动设备管理、移动应用管理和移动内容管理策略，实现对移动终端的安全管理。

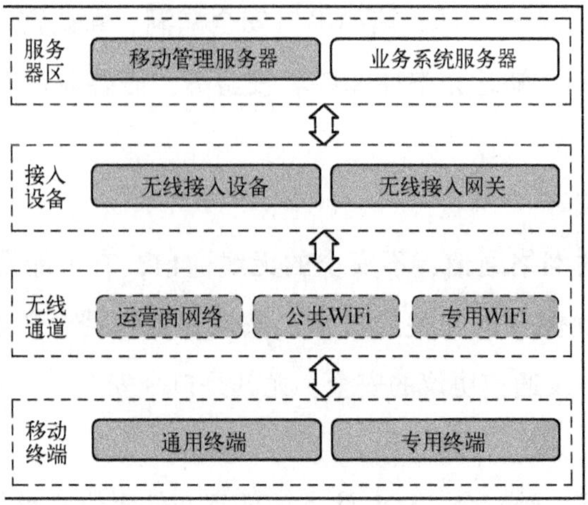

图 9-5 采用移动互联技术的对象组成

移动终端、移动应用和无线网络是采用移动互联网的三个关键安全保护对象。移动应用保护对象主要是针对移动终端开发的应用软件，包括移动终端预置的应用软件，以及互联网信息服务提供者提供的可以通过网站、应用商店等移动应用分发平台下载、安装和升级的第三方应用软件。移动终端保护对象是在移动业务中使用的终端设备，包括智能手机、平板计算机、个人计算机等通用终端和专用终端设备。无线网络保护对象主要是采用无线通信技术将移动终端接入有线网络的通信设备。

采用移动互联技术的信息系统安全除了传统信息系统的安全保护要求之外，还要针对移动终端、移动应用和无线网络，在物理和环境安全、网络和通信安全、设备和计算安全、应用和数据安全这四个技术层面进行保护。随着由移动互联技术支撑的业务逐步进入人类生活，移动互联面临的安全问题相当突出。

9.4.2 安全需求

要保障移动互联网的安全，就要保证终端的安全、网络的安全和业务的安全。移动互联网的安全需求如图 9-6 所示。

（1）终端安全威胁

随着通信技术的进步，终端越来越智能化，内存和芯片的处理能力逐渐增强，随之带来非法篡改信息、非法访问、通过操作系统修改终端中的信息、利用病毒和

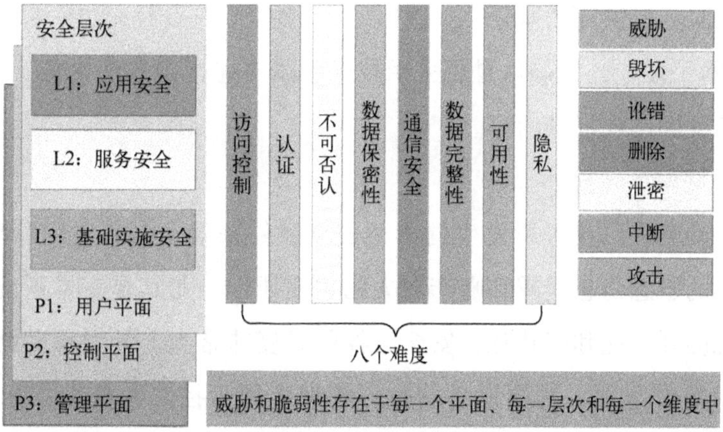

图 9-6　移动互联网的安全需求

恶意代码进行破坏的潜在威胁。

（2）网络安全威胁

非法接入网络，对数据进行机密性、完整性破坏；进行拒绝性服务攻击，利用各种手段产生数据包，造成网络负荷过重；利用嗅探工具，对系统和程序漏洞进行攻击。

（3）业务安全威胁

包括非法访问业务、非法访问数据、拒绝服务攻击、垃圾信息的泛滥、不良信息的传播、个人隐私和敏感信息的泄露、内容版权盗用和不合理的使用等问题。

9.4.3 风险评估

（1）移动应用

针对移动应用保护对象，需要从用户身份鉴别、应用软件的审核与检测、应用数据安全等维度提出相关安全要求。

1）应检查是否制定了明确的软件开发安全规范并严格遵守，尤其是对于第三方开发资源的引入要严格把关，做好风险评估。

2）完成应用软件的开发后，检查是否采用专业的移动应用安全检测工具进行安全检测和风险评估，所选择的检测工具应尽量与专业测评机构所使用的工具保持一致。

3）检查移动服务商是否保留业务各种日志及用户数据，留存期限至少达到 180

天，并加强对服务提供商的监管。

4）在技术手段上，须确认是否采用技术手段事先拦截非法内容，如拦截从国外网站下载并转发的违规视频内容。

（2）移动终端

从当前移动互联网业务所发生的典型安全事件来看，盗版应用和恶意代码是造成终端侧用户的敏感信息泄露和财产损失的主要原因。尤其是安卓系统的移动终端，由于操作系统的开源性和碎片化，安全管控的难度非常大。针对移动终端保护对象，应从终端用户身份鉴别、终端设备管控、终端应用管控三个维度提出相关的要求。其中，由于终端应用的多样性和复杂性，如何实现应用的管控是合规的难点。应检查移动互联应用的合法性和对恶意代码的防范，一方面要保证所安装的应用软件是正版软件，另一方面要防范应用软件中存在恶意代码。移动终端应被纳入统一的移动终端管理系统的管控，并建立应用白名单机制，定期对移动终端进行安全检测和风险评估。

（3）无线网络

从当前移动互联网业务所发生的典型安全事件来看，对无线网络信息安全影响最大的是非法的设备接入和非法外联。由于移动终端设备的高度智能化和普及化，用户为了方便私自用移动终端接入内部无线网络或启用移动终端的 WiFi 功能来外联其他网络是办公环境中的普遍现象，而且非常难以发现、定位和处置。从移动互联业务运营方的角度来看，由于无线网络与有线网络在物理介质上的显著差异，防护难点在于网络边界访问控制中的非法设备接入以及非法外联的无线热点设备的发现和定位。

针对无线网络保护对象，从网络架构、网络边界防护、网络设备防护等维度提出了相关的安全检测要求。具体如下：

1）检测是否选用具有终端设备准入控制功能的无线网络设备。

2）检查对接入终端设备的审计及终端设备白名单，及时发现非法接入设备。

3）检查对无线网络环境进行的扫描检测，及时发现和定位非法的无线接入设备。

移动互联网的安全保障需要从整体产业链的角度来看待，在明确各个业务经营方的前提下，充分借鉴互联网安全保障措施来明确各个业务安全的权责方，在明确内容/业务的提供方式之后，可以在关键环节（如服务器、短信/彩信网关等）利用信息识别、过滤、阻断等方式来防止恶意消息的进一步扩散；利用移动互联网较好的溯源能力，在明确各个业务的连接方式后，可以充分借鉴互联网的安全技术，同时根据移动互联网的特点，在特殊节点加强安全监控和安全日志管理。各个环节整体联动，齐抓共管，加强移动互联网的安全治理。

9.5 大数据安全

大数据（Big data），或称巨量数据、海量数据、大资料，指的是所涉及的数据量规模巨大到无法通过人工，在合理时间内达到截取、管理、处理并整理成为人们所能解读的信息。无处不在的智能终端、随时在线的网络传输、互动频繁的社交网络，使得互联网时时刻刻都在产生着海量的数据。大数据是继云计算之后的另一个信息产业增长点，面向大数据市场的新技术、新产品、新服务、新业态不断涌现，这给数据的采集、传输、加密、存储、分析（处理）和可视化带来了新的挑战，同时也带来了一系列的安全及隐私保护问题。下面介绍大数据的特点及大数据安全。

9.5.1 大数据的特点

大数据是信息产业持续高速增长的新引擎，成为企业提高核心竞争力的关键因素。大数据有以下 4 个特点。

（1）大量（Volume）

大数据的特征首先体现为“大”，随着时间的推移，大数据的存储单位从过去的 GB 到 TB，乃至现在的 PB、EB 级别。随着信息技术的高速发展，数据开始爆发性增长。社交网络（微博、推特、脸书）、移动网络、各种智能工具、服务工具等，都成为数据的来源。淘宝网的会员每天产生的商品交易数据约 20 TB；Facebook 约 10 亿的用户每天产生的日志数据则超过 300 TB。

（2）多样（Variety）

广泛的数据来源，决定了大数据形式的多样性。有结构化明显的日志数据，还有一些数据结构化不明显，例如文本、图片、音频、视频等。

（3）高速（Velocity）

指大数据的产生非常迅速，以及大数据的处理速度要实时。生活中每个人都离不开互联网，每个人每天都在生成大量的数据，并且这些数据很多是需要实时处理的。大数据处理遵循1秒定律，强调立竿见影而非事后见效。

（4）价值（Value）

这也是大数据的核心特征。现实世界所产生的数据中，有价值的数据所占比例很小。相比于传统的小数据，大数据最大的价值在于通过从大量不相关的各种类型的数据中，挖掘出对未来趋势与模式预测分析有价值的数据，并通过机器学习，或数据挖掘等方法进行深度分析，发现新规律和新知识，并运用于农业、金融、医疗等各个领域，从而最终达到改善社会治理、提高生产效率、推进科学研究的效果。

云计算为海量、多样化的大数据提供了存储和运算平台，大数据系统结构分为大数据平台和大数据应用两部分，如图9-7所示。

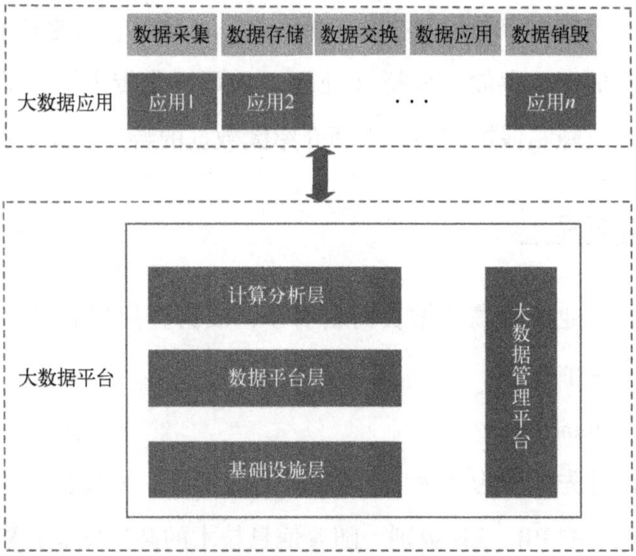

图9-7　大数据系统结构

大数据服务对安全能力的要求总体上分为三个方面：一是从机构基础服务安全角度规范大数据服务提供者的策略与规程、数据和系统资产、组织与人员、数据供应链、安全元数据管理、合规性管理等方面的安全能力要求；二是从数据安全角度明确支持数据生命周期管理活动相关的数据采集、数据传输、数据存储、数据处理、数据交换、数据销毁等数据服务安全要求；三是从系统安全角度提出大数据平台与应用的安全规划和开发部署、大数据应用管理、大数据平台安全运维和大数据服务安全审计相关系统服务安全要求。

9.5.2 安全需求

大数据时代的数据获取方式、存储规模、访问特点、关注重点都有很大不同，这些新特性对于信息安全提出了全新挑战，主要体现在以下几个方面。

（1）大数据成为网络攻击的显著目标

在网络空间中，大数据是更容易被发现的目标，承载着越来越多的关注度。一方面，大数据不仅意味着海量的数据，也意味着更复杂、更敏感的数据，这些数据会吸引更多的潜在攻击者，成为更具吸引力的目标；另一方面，数据的大量聚集，使黑客通过一次成功的攻击就能够获得更多的数据，无形中降低了黑客的进攻成本，增加了“收益率”。

（2）大数据加大隐私泄露风险

从核心价值角度看，大数据的关键技术是数据分析技术，但数据分析技术的发展，势必会对用户隐私产生极大威胁。

（3）大数据技术被应用到攻击手段中

在企业利用数据挖掘和数据分析等大数据技术获取商业价值的同时，黑客也正在利用这些大数据技术向企业发起攻击，大数据分析让黑客的攻击更精准。此外，大数据为黑客发起攻击提供了更多机会。黑客利用大数据发起僵尸网络攻击，这个数量级是传统单点攻击不具备的。

（4）大数据成为高级持续性攻击（APT）的载体

高级持续性攻击（APT）是一个实施过程，并不具备能够被实时检测出来的明显特征，无法被实时检测。同时，APT 攻击代码隐藏在大量数据中，让其很难被发现。此外，大数据的价值低密度性，让安全分析工具很难聚焦在价值点上，黑客可以将攻击隐藏在大数据中，给安全服务提供商的分析制造了很大困难。黑客发起的任何一个会误导安全厂商目标信息提取和检索的攻击，都会导致安全监测偏离应有的方向。

9.5.3 安全检测点

大数据的安全检测围绕其生命周期的安全管控措施实施检查、测试，即评估在大数据采集、传输、存储、访问、使用和销毁期间的安全风险。围绕数据全生命周期的数据安全检测包括数据的安全监控、操作行为审计和违规行为阻断，如图 9-8 所示。

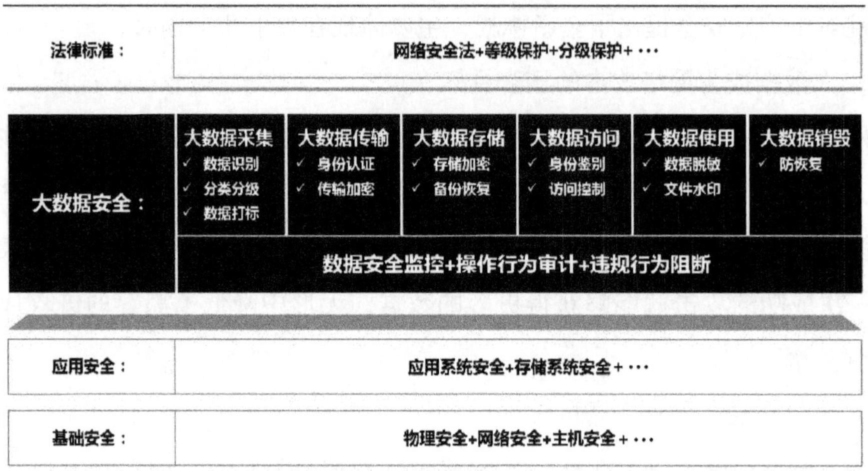

图 9-8　围绕数据全生命周期的数据安全检测内容

（1）资产分类分级

在大数据环境下，需要先进行数据资产安全的分类分级，然后对不同类型和安全等级的数据指定不同的加密要求和加密强度。尤其是大数据资产中的非结构化数据涉及文档、图像和声音等多种类型，其加密等级和加密实现技术不尽相同，因此，需要针对不同的数据类型提供快速加解密技术。

（2）大数据安全审计

大数据平台的组件行为审计会将主客体的操作行为形成详细日志，包含用户名、IP、操作、资源、访问类型、时间、授权结果。具体涉及风险事件、报表管理、系统维护、规则管理、日志检索等功能。

（3）大数据脱敏

针对大数据存储数据全表或者字段进行敏感信息脱敏、启动数据脱敏时，不需要读取大数据组件的任何内容，只需要配置相应的脱敏策略。

（4）大数据脆弱性检测

对大数据平台组件进行周期性漏洞扫描和基线检测，扫描大数据平台漏洞以及基线配置安全隐患，包含风险展示、脆弱性检测、报表管理和知识库等功能模块。

（5）大数据资产梳理

能够自动识别敏感数据，并对敏感数据进行分类，且启用敏感数据发现策略不会更改大数据组件的任何内容。

（6）大数据应用访问控制

能够对大数据平台账户进行统一的管控和集中授权管理，为大数据平台用户和应用程序提供细粒度级的授权及访问控制。

大数据的处理和分析正在成为新一代信息技术融合和应用的节点，大数据是信息产业持续快速增长的新引擎，大数据利用是提高企业核心竞争力的关键因素。大数据和医疗、教育、民生服务等各个部门相关，解决了大数据安全问题，就能有力支撑国家治理体系和治理能力现代化目标的实现。

9.6　工业控制系统安全

随着工业化与信息化的融合趋势越来越明显，工业控制系统也在利用最新的计算机网络技术来提高系统间的集成、互联以及信息化管理水平。为了提高生产效率和效益，工控网络会越来越开放，而开放带来的安全问题已经成为制约两化融合以及工业发展的重要因素。

9.6.1　工业控制系统架构

工业控制系统包括但不限于集散式控制系统（DCS）、可编程逻辑控制器（PLC）、智能电子设备（IED）、监控与数据采集（SCADAS）系统，还包括相关的信息系统、机器接口等。通用工业控制系统业务层级如图 9-9 所示。

其中各个层次的功能单元如下。

1）企业资源层：主要包括 ERP 系统功能单元，用于为企业决策层的员工提供决策运行手段。

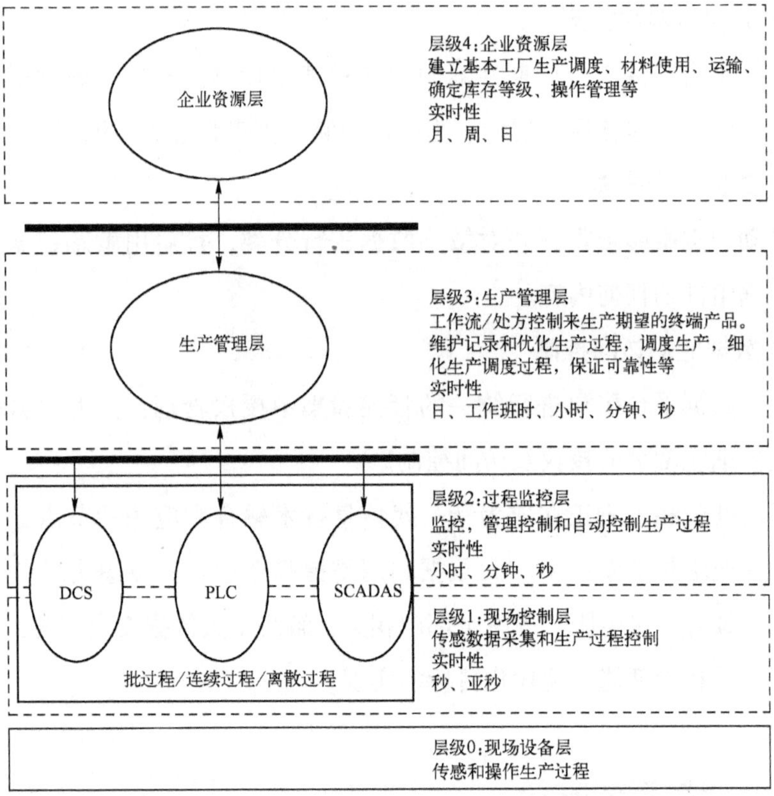

图 9-9　通用工业控制系统业务层级

2）生产管理层：主要包括 MES 功能单元，用于对生产过程进行管理，如制造数据管理、生产调度管理等。

3）过程监控层：主要包括监控服务器与 HMI 系统功能单元，用于对生产过程中的数据进行采集与监控，并利用 HMI 系统实现人机交互。

4）现场控制层：主要包括各类控制器单元，如 PLC 、DCS 控制单元等，用于对各执行设备进行控制。

5）现场设备层：主要包括各类过程的传感设备与执行设备单元，用于对生产过程进行感知与操作。

为了明确各层次保护对象以及安全域的划分，工业控制系统的资产组件映射模型如图 9-10 所示，图中给出了各层次主要资产与各层级功能单元的一一映射。

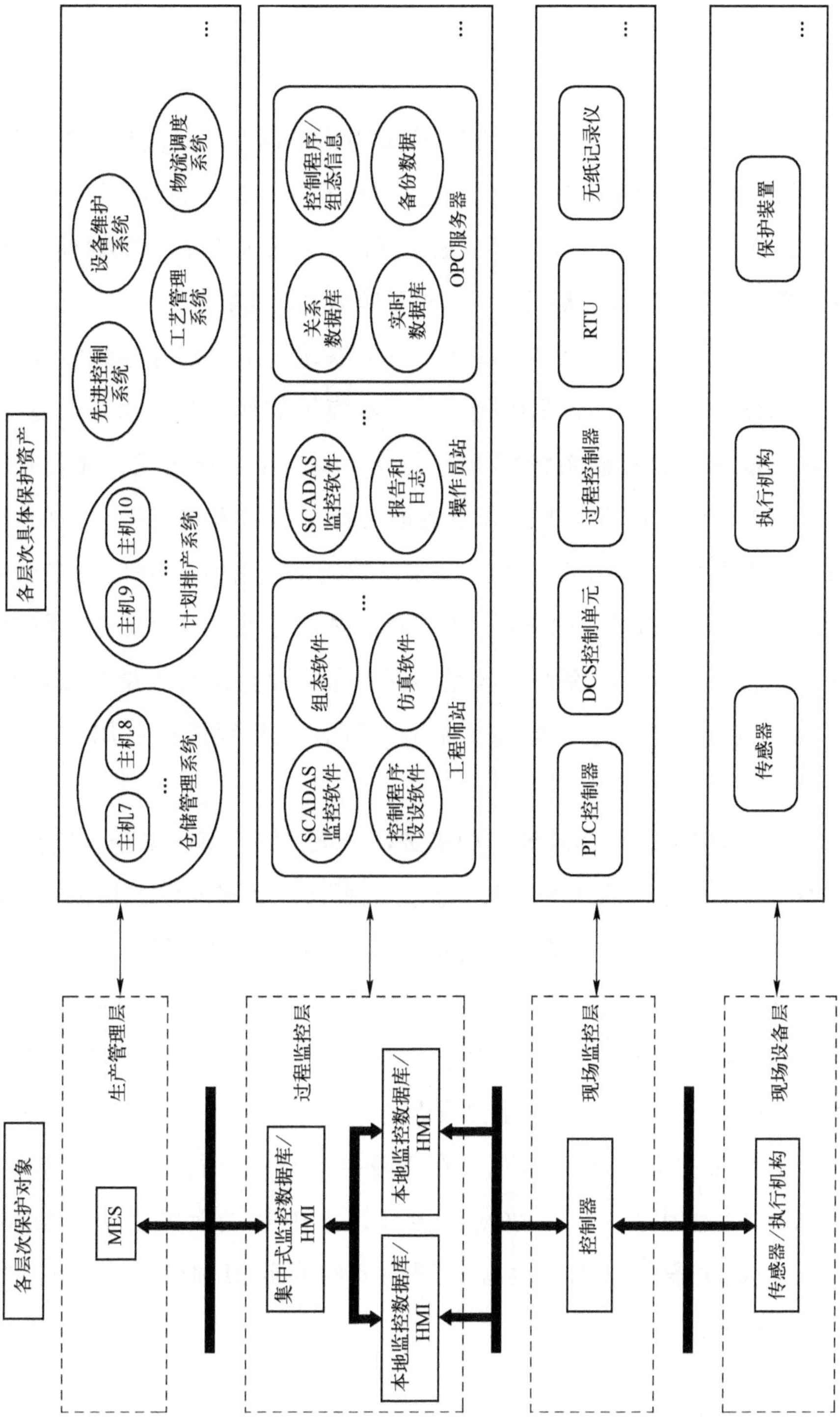

图9-10 工业控制系统的资产组件映射模型

9.6.2 安全需求

对于工业控制系统，实时性是企业首先需要考虑的问题，其次是考虑当安全问题发生时，如何才能在最短的时间内将风险控制到最低，并尽快给出问题的解决方案。如何能够避免一些威胁到工业安全方面的问题，以及如何在数据通信过程中保证数据信息传递的安全性，这些都是当下工控系统需要加强的。

工控系统广泛互联，逐步同生产管理、ERP系统、电子商务系统相连，纳入到统一的信息系统中，但在此过程中相关分区隔离等信息安全问题并未能得到充分认识和重视。随着工业控制系统技术的发展，多工控系统集成，通过互联网/内联网/外联网进行Web访问等方式开始逐渐流行，工控系统直接暴露的风险也在不断增加。工控系统中采用的工业协议存在缺乏加密和认证等信息安全考虑，跟互联网TCP/IP不同，工控协议相对更简单，物联网协议也在工控系统有所应用，而且种类繁多。部分工控系统不仅是等保对象，而且还是关键基础设施，比如石油、石化、轨道交通、电力设施、制造业等各工业领域中使用的工业控制系统。

工控系统运行环境中，操作系统长期未进行升级，缺乏基本安全设置；与公用网络接口相关的安全机制存在安全隐患；户外或野外设备普遍缺乏物理安全防护；远程无线系统缺乏接入认证和通信保密防护。而且，由于国情所限，还存在一些特有的安全隐患因素：控制系统的基础和核心设备严重依赖国外产品和技术；生产工艺设计人员和控制系统设计人员的信息安全意识薄弱；系统体系架构缺乏基本的安全保障，系统外联缺乏风险评估和安全保障措施。

工业控制系统安全现状不容乐观，在工业控制系统运行过程中，通信协议具有复杂和相对的封闭性，以及数据在传输过程中基本无加密认证机制，导致当前的安全防护手段很难满足全球范围内万物互联浪潮使生产系统“开放后”带来的安全问题。

9.6.3 专有协议分析

已有的许多工业控制专用协议大多是为了提高效率和可靠性而设计，以满足大规模分布式控制系统的运行需要，但放弃了协议的安全特性。更有许多工控协议为了能够适应以太网运行而做了修改，使得协议存在可以被利用的漏洞。

目前，主流的工业通信协议有 ModBus、OPC（OLE for Process Control，用于过程控制的 OLE）、DNP3.0（Distributed Network Protocol 3.0，分散式网络协议）及 ICCP（Inter Control-center Communications Protocol，控制中心间通信协议）。其中，最早的工业系统通信协议 ModBus 是应用层报文传输协议，采用请求/响应的方式，可以在低级设备和高级设备间通信，采用 TCP 通信端口 502。ModBus 协议应用于 PLC 与 HMI、主从设备间的通信，使用简单，在通信过程中没有经过复杂的认证和过重的负载，但是通信通过明文传输、缺少检验机制，易被利用向 RTU 或 PLC 中注入恶意代码。OPC 协议解决了控制系统“信息孤岛”的问题，但其基于 Windows 操作系统，很容易受到针对 Windows 漏洞的攻击影响，同时还存在 RPC 漏洞、OPC 服务完整性、不必要的端口和服务的问题。DNP3.0 采用 ISO 七层模型中的三层：物理层、数据链路层和应用层，其结构为增强协议结构，物理层一般采用普通的 RS-232 或 RS-485，数据链路层采用 CRC 校验，但是没有使用授权或加密机制。ICCP 用于在广域网的不同控制中心间双向通信，通过双向表来实现不同控制中心之间的接入控制，它存在着与 ModBus 同样的安全问题。

9.6.4 APT 攻击分析及检测

工业控制系统已经成为国家关键基础设施的重要组成部分，工业控制系统的安全关系到国家的战略安全。近年来，针对工业控制系统的攻击，不论是规模宏大的网络战，还是一般的网络犯罪，都可以发现高级持续性威胁（Advanced Persistent Threat，APT）的影子。

1. APT 攻击分析

（1）APT 攻击的 5 个阶段

从最近几年被公开报道的 APT 攻击事件上来看，其主要分为情报收集、突破防线、建立据点、隐秘横向渗透和完成任务五个阶段。五个阶段的具体任务描述如下。

1）情报收集：攻击者在社交网站等公开数据源中搜索并锁定特定人员，收集有价值情报并加以研究。

2）突破防线：收集到足够的情报后，获取第一台受害主机上的代码执行权限。攻击者突破防线的常用技术包括水坑+网站挂马、鱼叉式钓鱼邮件+客户端漏洞利用、网站挂马+URL社工、服务端漏洞利用等。

3）建立据点：突破防线后，建立C&C（Command & Control）服务器到第一台受害主机的信道并获取系统的最高权限，将第一个据点变成对内部网络发动后续攻击的前沿阵地。

4）隐秘横向渗透：在内部网络探测和入侵更多的主机，以便发掘有价值的资产及数据服务器，并尽可能避免被发现。

5）完成任务：设定要完成的任务可能是上传搜集到的敏感信息，或执行破坏活动，比较高级的APT攻击还包括严密的痕迹销毁等撤退策略。

（2）APT攻击采用的技术

攻击者在完成其APT攻击任务的过程中，采用的技术主要有屏幕记录、交互式操作、加密通信、匿名网络、声波通信、清除痕迹等。采用的具体技术描述如下。

1）屏幕记录：某些特定的敏感信息可能不方便使用简单的文档方式记录。例如，发现受害主机中特定进程或者窗口激活情况的信息，可以通过创建一系列用户屏幕快照实现收集。

2）交互式操作：攻击者更多地使用交互式工具，而不是完全自动化的工具来实施信息过滤，确保隐蔽性。

3）加密通信：通过加密网络协议建立与C&C服务器之间的加密连接，躲避常规的基于特征签名的安全机制。

4）匿名网络：通过Tor等匿名网络，隐藏C&C服务器的位置，以增大追查的难度。

5）声波通信：使用受害主机上附带的传声器（俗称麦克风）记录周围环境中的声波，以实现摆渡攻击。

6）清除痕迹：某些特定的APT攻击使用附加的模块来执行精心设计的清除痕迹子任务，例如彻底擦除攻击存在的蛛丝马迹，或者大规模恶意擦写受害主机上的文件。

2. APT攻击的检测与防护

鉴于工业控制系统的常见漏洞及典型的APT攻击特点，针对工业控制系统APT

攻击的检测与防护如图 9-11 所示。

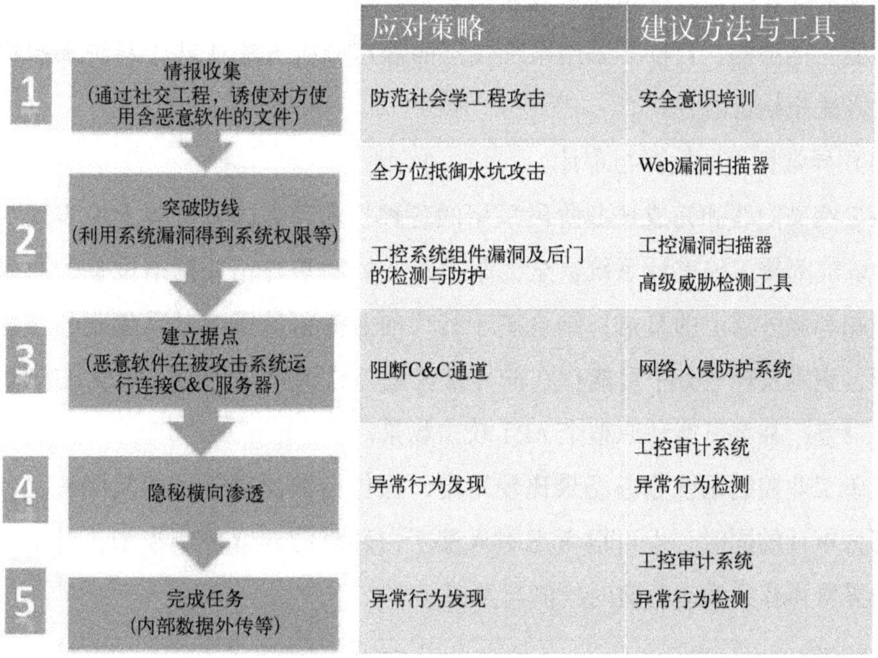

图 9-11　针对工业控制系统 APT 攻击的检测与防护

（1）全方位抵御水坑攻击

基于“水坑+网站挂马”方式的突破防线技术愈演愈烈，并出现了单漏洞、多水坑的新攻击方法。针对这种趋势，一方面寄希望于网站管理员重视并做好网站漏洞检测和挂马检测；另一方面要求用户（尤其是能接触到工业控制设备的雇员）尽量使用相对较安全的 Web 浏览器，及时安装安全补丁，最好能够部署成熟的主机入侵防御系统。

（2）防范社会工程学攻击、阻断 C&C 通道

在工业控制系统运行的各个环节和参与者中，人往往是其中最薄弱的环节，故非常有必要通过周期性的安全培训来提高员工的安全意识。另外，也应该加强从技术上阻断攻击者通过社会工程学突破防线后建立 C&C 通道的行为，应部署值得信赖的网络入侵防御系统。

（3）工业控制系统组件漏洞及后门的检测与防护

工业控制系统行业使用的任何工业控制系统组件均应假定为不安全或存在恶意

的，上线前必须经过严格的漏洞和后门检测以及配置核查，尽可能避免工业控制系统中存在的各种已知或未知的安全缺陷。尤其是针对未知安全缺陷（后门或系统未声明功能）的检测，目前多采用系统代码的静态分析方法或基于系统虚拟执行的动态分析方法相结合的方式。

（4）异常行为的检测与审计

APT 突破防线和完成任务阶段采用的各种技术和方法，直观上均表现为一种异常行为。应部署工控审计系统，全面采集工业控制系统相关网络设备的原始流量以及各终端和服务器上的日志；结合基于行为的业务审计模型对采集到的信息进行综合分析，识别发现业务中可能存在的异常流量与异常操作行为，发现 APT 攻击的一些蛛丝马迹，甚至可能还原整个 APT 攻击场景。

鉴于工业控制系统业务场景比较稳定、操作行为比较规范的实际情况，在实施异常行为审计的同时，也可以考虑引入基于白环境的异常检测模型，对工业控制系统中的异常操作行为进行实时检测与发现。

习题

（1）三类常见的云服务之间的区别是什么？

（2）物联网中的三个逻辑层各有哪些设备？简述其作用或功能。

（3）移动互联技术等级保护对象中突出了哪三个关键要素？简述其流程。

（4）大数据平台三个部分的功能各是什么？

（5）工业企业资产组件中的四层各有哪些设备或系统？

参考文献

[1] DAMENU T K, BALAKRISHNA C. Cloud Security Risk Management: A Critical Review [C]// 9th International Conference on Next Generation Mobile Applications, Services and Technologies, Cambridge, 2015: 370-375.

[2] 林闯，苏文博，孟坤，等．云计算安全：架构、机制与模型评价 [J]. 计算机学报，2013, 36 (09): 1765-1784.

[3] EFOZIA N F, ARIWA E, ASOGWA D C, et al. A review of threats and vulnerabilities to cloud computing existence [C]// 7th International Conference on Innovative Computing Technology (INTECH), 2017: 197-204.

[4] TANGE K, DONNO M D, FAFOUTIS X, et al. A Systematic Survey of Industrial Internet of Things Security: Requirements and Fog Computing Opportunities [J]. IEEE Communications Surveys & Tutorials, 2020, (99): 1-1.

[5] CHEMINOD M, DURANTE L, VALENZANO A. Review of Security Issues in Industrial Networks [J]. IEEE Transactions on Industrial Informatics, 2013, 9 (01): 277-293.

[6] SAATY T L. The Analytic Hierarchy Process [M]. New York: McGraw-Hill, 1980.

[7] XU Z, LIAO H. Intuitionistic Fuzzy Analytic Hierarchy Process [J]. IEEE Transactions on Fuzzy Systems, 2014, 22 (04): 749-761.

[8] 汪楚娇，林果园．网络安全风险的模糊层次综合评估模型 [J]. 武汉大学学报（理学版），2006, 52 (05): 622-626.

[9] ZHANG B W, CHANG X, LI J H. A Generalized Information Security Model SOCMD for CMD Systems [J]. Chinese Journal of Electronics, 2020, 29 (03): 417-426.

[10] BASALLO Y A, SENTI V E, SANCHEZ N M. Artificial intelligence techniques for information security risk assessment [J]. IEEE Latin America Transactions, 2018, 16 (3): 897-901.

[11] SMART M, MALAN G R, JAHANIAN F. Defeating TCP/IP stack fingerprinting [J]. Proceedings of USENIX Security Symposium, 2000 (09): 17.

[12] DENG J B, HONG F. Task-based access control model [J]. Journal of Software, 2003, 14 (1).

[13] 罗红, 迟强. 操作系统远程探测技术综述 [J]. 计算机与信息技术, 2009 (05): 69-70, 74.

[14] 蔡小勇, 王一兵. 基于 TCP 的操作系统远程探测技术 [J]. 系统工程与电子技术, 2006 (09): 1438-1441, 1459.

[15] 孙乐昌, 刘京菊, 王永杰, 等. 基于 ICMP 协议的指纹探测技术研究 [J]. 计算机科学, 2002 (01): 53-56.

[16] 闫兵. 信息安全中的社会工程学攻击研究 [J]. 办公自动化, 2008 (20): 40-41, 47.

[17] 胡晓波. 网络对抗技术中社会工程学攻击的研究 [J]. 信息安全与通信保密, 2009 (05): 111-113, 117.

[18] YI S, PENG Y, XIONG Q, et al. Overview on attack graph generation and visualization technology [C]//2013 International Conference on Anti-Counterfeiting, Security and Identification (ASID). IEEE, 2013.

[19] OU X M, GOVINDAVAJHALA S, APPEL A. MulVAL: A Logic-Based Network Security Analyzer [C]//The 14th USENIX Security Symposium. 2005.

[20] OU X M, BOYER F W, MCQUEEN M A. A Scalable Approach to Attack Graph Generation [C]// The 13th ACM conference on computer and communications security. 2006.

[21] LIPPMANN R, et al. Validating And Restoring Defense in Depth Using Attack Graphs [C]// MILCOM'06: Proceedings of the 2006 IEEE conference on Military communications. 2006.

[22] JHA S, SHEYNER O, WING J. Two Formal Analyses of Attack Graphs [C]//Proceedings of 15th IEEE Computer Security Foundations Workshop. IEEE, 2002.

[23] 王永杰, 鲜明, 刘进, 等. 基于攻击图模型的网络安全评估研究 [J]. 通信学报, 2007, 28 (03): 29-34.

[24] NOEL S, JAJODIA S, O'BERRY B, et al. Efficient minimum-cost network hardening via exploit dependency graphs [C]//19th Annual Computer Security Applications Conference (ACSAC 2003). IEEE, 2003.

[25] JAJODIA S, NOEL S, O'BERRY B. Topological Analysis of Network Attack Vulnerability [M]. Boston: Springer, 2005.

[26] 赵松，吴晨思，谢卫强，等．基于攻击图的网络安全度量研究 [J]. 信息安全学报，2019，4 (01)：53-67.

[27] 胡浩，刘玉岭，张玉臣，等．基于攻击图的网络安全度量研究综述 [J]. 网络与信息安全学报，2018，4 (09)：1-16.

[28] NOEL S, JAJODIA S. Metrics suite for network attack graph analytics [C]//Cyber & Information Security Research Conference. ACM, 2014.

[29] 邢栩嘉，林闯，蒋屹新．计算机系统脆弱性评估研究 [J]. 计算机学报，2004，27 (01)：1-11.

[30] 吕必俊，肖晓春，张根度．基于知识库的 PKI 等级评估模型的研究 [J]. 计算机应用与软件，2007 (10)：4-6，25.

[31] LARIONOVS A, TEILANS A, GRABUSTS P. CORAS for Threat and Risk Modeling in Social Networks [J]. Procedia Computer Science, 2015, 43: 26-32.

[32] 肖龙．基于 CORAS 框架的信息安全风险评估方法 [D]. 南京：南京理工大学，2009.

[33] 刘海峰．基于 CORAS 的信息安全风险评估技术研究与应用 [D]. 郑州：解放军信息工程大学，2007.

[34] WU C S, WEN T, ZHANG Y Q. Revised CVSS-based system to improve the dispersion of vulnerability risk scores [J]. Science China (Information Sciences), 2019, 62 (03): 193-195.

[35] 雎辰萌．基于漏洞分析的软件安全性评估系统研究 [D]. 北京：北京交通大学，2013.

[36] 周欣元．信息安全风险评估综述．电子技术与软件工程 [J]，2016，20：214-214.

[37] 叶子维，郭渊博，李涛，等．一种基于知识图谱的扩展攻击图生成方法 [J]. 计算机科学，2019，46 (12)：165-173.

[38] NI G, LING G, YIYUE H E, et al. Optimal security hardening measures selection model based on Bayesian attack graph [J]. Computer Engineering and Applications, 2016, 52 (11): 125-130.

[39] 冯萍慧，连一峰，戴英侠，等．基于可靠性理论的分布式系统脆弱性模型 [J]. 软件学报，2006，17 (07)：1633-1640.

[40] 张玉清，王晓菲，刘雪峰，等．云计算环境安全综述 [J]. 软件学报，2016，27 (06)：

1328-1348.

[41] 马楠．高性能 Web 指纹识别及威胁感知系统的设计与实现［D］．北京：北京邮电大学，2019.

[42] 杨博文．网络漏洞扫描关键技术研究［D］．成都：电子科技大学，2019.

[43] HAMEED A，ALOMARY A. Security Issues in IoT：A Survey［C］//International Conference on Innovation and Intelligence for Informatics，Computing，and Technologies（3ICT）．2019.

[44] HASSIJA V，CHAMOLA V，SAXENA V，et al. A Survey on IoT Security：Application Areas，Security Threats，and Solution Architectures［J］．IEEE Access，2019.